U0171510

小·状元
速算手册

陈绍文 著

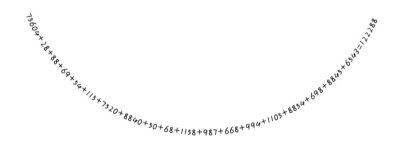

75604+28+88+69+54+115+7520+8840+50+68+1158+987+668+994+1105+8854+698+8845+6343=122288

化学工业出版社
·北京·

为了提升中小学生对数学学习的热情，《小状元速算手册》有别于中国传统数学教育和珠心算教学方法，全面讲解了一套全新的速算理论。本书阐述的速算理论简单易学，只需每天坚持学习 20 分钟，不出半个月，你的速算成绩定会独秀于人。《小状元速算手册》是一本以实用为第一目的的读本，方便学习者随时查阅学习和巩固已学内容，逐步增加阅读者的学习兴趣。

图书在版编目（CIP）数据

小状元速算手册／陈绍文著 . —北京：化学工业出版社，2020.1（2023.5 重印）

ISBN 978-7-122-35491-4

Ⅰ . ①小… Ⅱ . ①陈… Ⅲ . ①速算－手册 Ⅳ . ① O121.4-62

中国版本图书馆 CIP 数据核字（2019）第 235681 号

责任编辑：罗　琨　　　　　　装帧设计：韩　飞

责任校对：杜杏然

出版发行：化学工业出版社

（北京市东城区青年湖南街 13 号　邮政编码 100011）

印　　装：三河市双峰印刷装订有限公司

880mm×1230mm　1/32　印张 6¾　字数 127 千字

2023 年 5 月北京第 1 版 第 3 次印刷

购书咨询：010-64518888　　售后服务：010-64518899

网　　址：http://www.cip.com.cn

凡购买本书，如有缺损质量问题，本社销售中心负责调换。

定　　价：39.80 元

数学之美

　　今天我们来聊一聊数学之美。当然，我们今天聊的与谷歌的《数学之美》之间既有区别又有紧密的联系：区别在于我们今天聊的是数学的基础之美；紧密联系在于谷歌的《数学之美》主要讲的是一些计算机科学的算法，而这些精妙高深的算法就来源于基础数学原理。可以说数学之美无处不在，只是缺少一双智慧的眼睛去发现而已。今天我们所发现和发掘的是一套基础数学中关于加减乘除和平方的精确速算方法。这套方法是一位伟大的俄罗斯籍数学家雅科夫·特拉亨伯格（1888—1953）发明的，我们现在是"站在巨人的肩膀上瞭望远方的人，希望站得高看得远"。当然，本书中大部分内容来源于特拉亨伯格的速算理论，我们进行了大量的优化并整理成适合我们中国青少年儿童学习的教育方法。

　　那么我们是怎么发现这套让人惊叹的速算方法的呢？首先是出于对数学的热爱；其次，得从 2017 年热播的一部名叫《天才少女》的美国电影说起。影片中讲述了影片主人公玛丽在 7 岁那年被舅舅弗兰克送去霍德华学校学习的故事。上学的第一天，她的老师斯蒂文森小姐教大家基础数学，首先老师出了一道"1+1=？"的题考大家，然后是"2+2=？"，班里的小朋友都答对了；只有玛丽不以为然地趴在课桌上，当斯蒂文森老师出到"3+3=？"时，小玛丽终于忍不住，觉得老师出的题太简单了；老师只好给她出道稍难一点的题："8+9=？"结果小玛丽脱口而出等于 17。老师马上又出："15+17=？"小玛丽又是脱口而出等于 32。于是老师增加了难度扩大到 2 位数 +3 位数："57+135=？"，这对于刚上学的孩子来说是有一定的难度的，但是对小玛丽来说简直是太简单了，所以结果同样是脱口而出。老师想，加法题是难不倒小玛丽了，于是出了一道乘法题："57×135=？"这要是在我们中国属于小学三四年级的数学题了，而且要心算出来，这个难度让成年人心算怕也是要算一会儿才能得出结果了；但是小玛丽只用了不到 20 秒就算出了结果：7695。更为惊奇的是，她竟然将其平方根 (87.7) 也算出来了，这下老师觉得这孩子不简单，有数学天赋，是个"奇怪"的孩子。最后老师在放学后找到小玛丽的舅舅了解情况，弗兰克告诉斯蒂文森老师，其实小玛丽学习了一套由特拉亨伯格创造的快准速算法。爱好数学的人们看到这里肯定急于去了解或搞清楚特拉亨伯格是何方神圣，而其创造的这套速算法又是怎样的呢？

是的，本书就是来详细介绍讲解这套算法的，不过在我们搞清楚这套算法之前，我们还是先来了解一下特拉亨伯格是何许人也。特拉亨伯格于１８８８年６月１７日出生在沙皇统治时期的俄罗斯敖德萨州（现乌克兰的敖德萨州），由于敖德萨是港口城市，所以特拉亨伯格大学毕业后回到家乡的一家最有名的造船厂做助理工程师，并在他20多岁时就快速成长为该造船厂的总工程师。

１９１９年特拉亨伯格因躲避战乱来到德国柏林，为了生计成为一名杂志编辑。１９３４年由于纳粹德国的迫害，特拉亨伯格带着妻子逃到了奥地利维也纳；但最终没有逃出纳粹德国的通缉，被关进了监狱。而这套惊世骇俗的速算法正是他在监狱里花了７年时间创造的。庆幸的是，１９４５年特拉亨伯格逃出了监狱重获自由。此后，特拉亨伯格主要在美国用他所创造的这套特拉亨伯格速算法从事青少年基础数学教育。

曾有俗语："学好数理化，走遍天下都不怕"。这句话言简意赅地阐述了数学是所有理科之首，同时这也是数学之美的另外一种表现。

学习任何一项技能都需要一套高效的学习方法来提升学习兴趣，任何一个人只有对某项技能产生了浓厚兴趣之后才会持之以恒地去学习与研究。本书中所述内容因有别于传统数学教学，所以更容易激发学习者学习数学的兴趣。

本书中所述内容虽然是最为基础的数学速算教学，但是如果你能通过本套速算方法为基础数学打下坚实基础的话，也可以去挑战一些数学界的世界难题，比如，２０００年，美国克莱数学研究所公布了世界七大数学难题（ＮＰ完全问题、霍奇猜想、庞加莱猜想、黎曼假设、杨－米尔斯存在性和质量缺口、纳卫尔－斯托可方程、ＢＳＤ猜想），又称千年大奖问题（解决单个问题即可获１００万美元的奖金）。相信自己只要掌握快速、正确、有效的学习方法，你就有无限可能挑战一切数学难题。

本书的核心内容是："化繁为简，寻找规律"。

本书共分为五章，分别讲解加减乘除和平方的简单快准速算方法，通篇简单易懂，多用插图与举例说明规律与方法。为激发读者的学习兴趣，特意将乘法作为第一章讲述；另外，还有第二章加法、第三章减法、第四章除法、第五章平方。

为什么要写这本书？

如果有人问我："为什么要写这本书？"

首先是对数学的热爱。给大家讲一个我中学时代的小故事，大概是初中二年级上学期的期末考试，我数学只考了6分（总分120分），大家肯定会好奇地问，考6分也好意思拿出来"显摆"？正是因为这6分，我进了学校的奥数班。为什么呢？因为当时奥数特别流行，所以每次数学考试的时候，总分120分，基础数学分100分，在试卷末尾总会有20分的奥数拓展考题。

那一次的考试我觉得100分的基础题太简单没什么意思，所以直接就做了20分的奥数拓展题，结果这题太难了，花了所有的考试时间我也只得了6分。但全市考生也只有我在这道题上得了6分，80%的考生放弃作答。那时候期末考试的通知书是自己拿回家找家长签字确认的，于是我在6前面加了一个

9，因为 96 分才符合我的正常水准，加上这个 9 后面的故事可以写很长，这里就不再赘述了。写这个小故事我只想说明我对数学是有一种热爱与偏执的。

其次要从一个电视节目江苏卫视的《最强大脑》和一部电影《天才少女》说起，2017 年 3 月，播出的《最强大脑》第四季节目中，中国台湾的选手钟恩柔挑战日本速算高手土屋宏明，最终以微小的差距惜败。观看节目后的我很不服气，于是乎就在想要怎样才能让中国人在速算界战胜日本人？我找了很多资料进行对比，最终在 2017 年热播的电影《天才少女》中找到了答案，原来欧美国家和日本的教育界采用的是雅科夫·特拉亨伯格速算理论，而中国的速算教育是基于珠心算的，虽然珠心算也是一门很厉害的速算理论，但是跟欧美和日本主流的特拉亨伯格速算理论比起来，在多组数和大位数速算还有验算结果方面是有很大的区别的，整体来看特拉亨伯格速算理论更胜一筹。

原因找到了，我就利用业余时间在全世界多方位搜集资料进行翻译和整理，足足花了两年时间终于完成这本《小状元速算手册》。希望这系列的速算教育课程能够成为中国速算教育的参考，让速算教育在中华大地上流行起来。

本书有何特色？

1. 全书使用大量例式协助说明速算规则

数学概念与规则是一个很抽象的东西，要单单用文字表述，在表述方法与理解技能上都比较难，所以本书几乎所有的规则与专业术语都有相对应的例式进行协助说明，使全书可读性与可理解性更强。

2. 全书有别于中国传统数学教学方法，更能激发阅读者的学习兴趣

本书内容是基于特拉亨伯格速算理论编写的，它与中国现有中小学的数学教育模式与方法完全不同。它与目前中国传统数学教学相比较而言，有其独特的灵活性，是一套将复杂的问题简单化，简单的问题公式化的完整教学体系。

3. 独特的验算功能

目前中国传统的数学教学中，验算结果的方法是重复计算一遍或多遍来验证答案是否正确。这种方法首先是效率较低，然后就是重复做的事情，容易走进重复犯同一错误的误区。本书的验算方法是一套精简的位和比较验算方法〔比如 $12 \times 11 = 132$，验算：（前因数位和）×（后因数位和）=（积位和）$(1+2) \times (1+1) = (1+3+2)$〕。这样的方法让人不会有重复犯同一个错误机会，而且更精简，效率更高。

4. 每个章节后面都附有针对性强的练习题

学习速算是需要有计划、有规律且每天定时定量地去完成一些有针对性的练习题，所以在本书中每章每节后面都附有针对本章本节的练习题。

×

第一章　乘法速算和快准验算

第二章　加法速算和快准验算

第三章　减法速算和快准验算

第四章　除法速算和快准验算

第五章　平方速算和快准验算

第一章
乘法速算和快准验算

第一节
乘法概念

　　乘法是一种将相同数加起来的简化方式，提高加法效率的
快捷方式。一个完整乘法是由乘号(×)两边的因数、等于号(＝)
以及等于号右边的积组成。例如，1×2=2 读作：一乘二等于二。
乘法的规则是两数相乘，同号得正，异号得负，并把绝对值相乘。

规则与术语

15	×	11	=	165
前因数	乘号	后因数	等于号	积

大位数组位置定义：1516511

1	51651	1
左1数	中间数	右1数

实心 1 为 5 的右邻数

位和：1+5+1+6+5+1+1=20=2+0=2

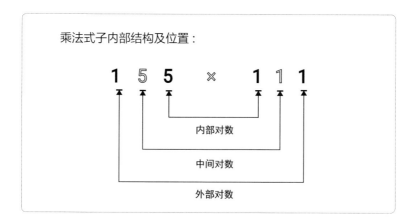

第二节

多位数乘 11 和快准验算

规则与术语

（1）取前因数的右 1 数作为积的右 1 数。

（2）将前因数的右 1 数加上左邻数之和，若大于 9 则进位，个位数作为积的中间数，依此类推。

（3）取前因数的左 1 数作为积的左 1 数，若有进位数，则加上进位数之和作为积的左 1 数。

例❶

$$151 \times 11 = 1661$$

第 **1** 步：将式中 151×11 前因数的右 1 数"1"作为积的右 1 数。

$$151 \quad \times \quad 11 \quad = \quad 1661$$

第 **2** 步：将式中 151×11 前因数的右 1 数"1"和左邻数"5"相加（1+5=6）的和作为积的中间数。

$$151 \quad × \quad 11 \quad = \quad 1661$$

1 + 5 = 6

第**3**步：将式中 151×11 前因数的中间数"5"和左 1 数"1"
相加（5+1=6）的和作为积的中间数。

$$151 \quad × \quad 11 \quad = \quad 1661$$

5 + 1 = 6

第**4**步：将式中 151×11 前因数的左 1 数"1"作为积的
左 1 数。

$$151 \quad × \quad 11 \quad = \quad 1661$$

例❷

$$4758 \quad × \quad 11 \quad = \quad 52338$$

第**1**步：将式中 4758×11 前因数的右 1 数"8"作为积的右 1 数。

$$4758 \quad × \quad 11 \quad = \quad 52338$$

第**2**步：将式中 4758×11 前因数的右 1 数"8"和左邻数"5"
相加（8+5=13）的和取个位数作为积的中间数，十位数进1。

$$4758 \quad × \quad 11 \quad = \quad 52338$$

8 + 5 =13(进1位)

第**3**步：将式中 4758×11 前因数的中间数"5"和左邻数"7"相加（5+7=12）的和加上第 2 步进 1 数作为积的中间数，十位数进 1。

4758　　×　　11　＝　52338

5+7+1=13(进1位)

第**4**步：将式中 4758×11 前因数的中间数"7"和左 1 数"4"相加（7+4=11）的和加上第 3 步进 1 数作为积的中间数，十位数进 1。

4758　　×　　11　＝　52338

7 + 4 + 1 = 12 (进1位)

第**5**步：将式中 4758×11 前因数的左 1 数"4"加上第 3 步进 1 数的和作为积的左 1 数。

4758　　×　　11　＝　52338

4+1=5

━━━━━━━━ 注意事项 ━━━━━━━━

（1）将前因数从左至右依次计算，切记位次顺序，当前因数长度太长时，不能漏算与重复计算。

（2）若计算结果大于 9 时，则须进位，进位数在下一步计算时别忘记加上。

（3）记录和记忆计算结果时，养成从右向左的习惯。

快准验算方法 ●●●

（1）将前因数各位数分别相加，若其和大于 9 则再将其各位数相加，直至和小于 10 为止。

（2）按第 1 步的计算方法将后因数各位数相加。

（3）按第 1 步的计算方法将积的各位数相加。

（4）再将计算完成后的前因数乘后因数积，如果大于 9，则按第 1 步的计算方法将积的各位数相加，其最终结果等于第 3 步计算的结果，则答案正确，否则答案为错误答案。

（5）此快准验算方法作为乘法验算的通用方法。

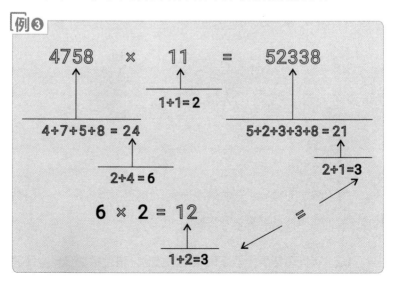

例❸

4758 × 11 = 52338

1+1=2

4+7+5+8 = 24

5+2+3+3+8 = 21

2+4 = 6

2+1=3

6 × 2 = 12

1+2=3

× 练习题 ✓

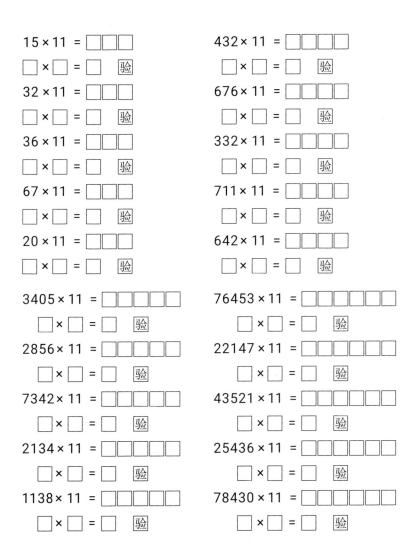

15 × 11 = ☐☐☐

☐ × ☐ = ☐ 验

32 × 11 = ☐☐☐

☐ × ☐ = ☐ 验

36 × 11 = ☐☐☐

☐ × ☐ = ☐ 验

67 × 11 = ☐☐☐

☐ × ☐ = ☐ 验

20 × 11 = ☐☐☐

☐ × ☐ = ☐ 验

3405 × 11 = ☐☐☐☐☐

☐ × ☐ = ☐ 验

2856 × 11 = ☐☐☐☐☐

☐ × ☐ = ☐ 验

7342 × 11 = ☐☐☐☐☐

☐ × ☐ = ☐ 验

2134 × 11 = ☐☐☐☐☐

☐ × ☐ = ☐ 验

1138 × 11 = ☐☐☐☐☐

☐ × ☐ = ☐ 验

432 × 11 = ☐☐☐☐

☐ × ☐ = ☐ 验

676 × 11 = ☐☐☐☐

☐ × ☐ = ☐ 验

332 × 11 = ☐☐☐☐

☐ × ☐ = ☐ 验

711 × 11 = ☐☐☐☐

☐ × ☐ = ☐ 验

642 × 11 = ☐☐☐☐

☐ × ☐ = ☐ 验

76453 × 11 = ☐☐☐☐☐☐

☐ × ☐ = ☐ 验

22147 × 11 = ☐☐☐☐☐☐

☐ × ☐ = ☐ 验

43521 × 11 = ☐☐☐☐☐☐

☐ × ☐ = ☐ 验

25436 × 11 = ☐☐☐☐☐☐

☐ × ☐ = ☐ 验

78430 × 11 = ☐☐☐☐☐☐

☐ × ☐ = ☐ 验

═ 养成用快准验算方法进行验算的好习惯。

计时 ⏱ [_____] 秒

11 × 11 = ☐☐☐   123 × 11 = ☐☐☐☐

26 × 11 = ☐☐☐   886 × 11 = ☐☐☐☐

35 × 11 = ☐☐☐   520 × 11 = ☐☐☐☐

45 × 11 = ☐☐☐   415 × 11 = ☐☐☐☐

71 × 11 = ☐☐☐   666 × 11 = ☐☐☐☐

56 × 11 = ☐☐☐   287 × 11 = ☐☐☐☐

53 × 11 = ☐☐☐   369 × 11 = ☐☐☐☐

14 × 11 = ☐☐☐   111 × 11 = ☐☐☐☐

89 × 11 = ☐☐☐   225 × 11 = ☐☐☐☐

99 × 11 = ☐☐☐☐   658 × 11 = ☐☐☐☐

2022 × 11 = ☐☐☐☐☐   57523 × 11 = ☐☐☐☐☐☐

4312 × 11 = ☐☐☐☐☐   70124 × 11 = ☐☐☐☐☐☐

7711 × 11 = ☐☐☐☐☐   44431 × 11 = ☐☐☐☐☐☐

8342 × 11 = ☐☐☐☐☐   10025 × 11 = ☐☐☐☐☐☐

4520 × 11 = ☐☐☐☐☐   32514 × 11 = ☐☐☐☐☐☐

6623 × 11 = ☐☐☐☐☐   12485 × 11 = ☐☐☐☐☐☐

3505 × 11 = ☐☐☐☐☐   13741 × 11 = ☐☐☐☐☐☐

5527 × 11 = ☐☐☐☐☐   66233 × 11 = ☐☐☐☐☐☐

1705 × 11 = ☐☐☐☐☐   77554 × 11 = ☐☐☐☐☐☐

6666 × 11 = ☐☐☐☐☐   99561 × 11 = ☐☐☐☐☐☐☐

= 40 题准确率 100%，且用时在 120 秒以内者为优秀。

第三节
多位数乘12和快准验算

规则与术语

依次将前因数每位数翻倍后再加上它的右邻数。

例❶

$$177 \quad \times \quad 12 = 2124$$

第**1**步：将式中177×12前因数的右1数"7"翻倍（7×2=14）加上右邻数"0"（无）之和的个位数作为积的右1数，十位数进1。

$$177 \quad \times \quad 12 \quad = \quad 2124$$
$$7 \times 2 + 0 = 14$$

第**2**步：将式中177×12前因数的中间数"7"翻倍（7×2=14）加上右邻数"7"，再加上第1步的进1数之和的个位数作为积的中间数，十位数进2。

177 ✕ 12 = 2124

7✕2+7+1=22

第**3**步：将式中177✕12前因数的中间数"1"翻倍（1✕2=2）加上右邻数"7"，再加上第2步的进2数之和的个位数作为积的中间数，十位数进1。

177 ✕ 12 = 2124

1✕2+7+2=11

第**4**步：将式中177✕12前因数左边加补一个"0"作为前因数的左1数，左1数"0"翻倍（0✕2=0）加上右邻数"1"，再加上第3步的进1数之和作为积的左1数。

0177 ✕ 12 = 2124

0✕2+1+1=2

快准验算方法 ●●●

（1）借用第二节中表述并通用的乘法快准验算方法。

（2）下面举例说明。

例❷

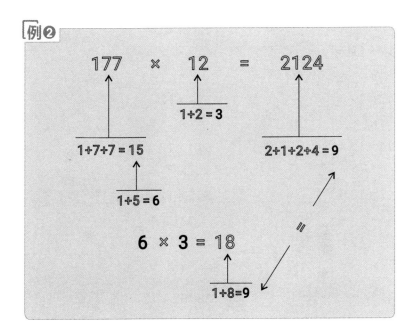

✕ 练习题 ✓

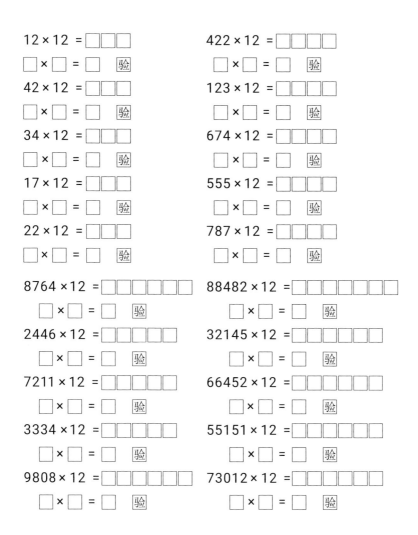

12 × 12 = ☐☐☐
☐ × ☐ = ☐ 验

42 × 12 = ☐☐☐
☐ × ☐ = ☐ 验

34 × 12 = ☐☐☐
☐ × ☐ = ☐ 验

17 × 12 = ☐☐☐
☐ × ☐ = ☐ 验

22 × 12 = ☐☐☐
☐ × ☐ = ☐ 验

8764 × 12 = ☐☐☐☐☐☐
☐ × ☐ = ☐ 验

2446 × 12 = ☐☐☐☐☐
☐ × ☐ = ☐ 验

7211 × 12 = ☐☐☐☐☐
☐ × ☐ = ☐ 验

3334 × 12 = ☐☐☐☐☐
☐ × ☐ = ☐ 验

9808 × 12 = ☐☐☐☐☐☐
☐ × ☐ = ☐ 验

422 × 12 = ☐☐☐☐
☐ × ☐ = ☐ 验

123 × 12 = ☐☐☐☐
☐ × ☐ = ☐ 验

674 × 12 = ☐☐☐☐
☐ × ☐ = ☐ 验

555 × 12 = ☐☐☐☐
☐ × ☐ = ☐ 验

787 × 12 = ☐☐☐☐
☐ × ☐ = ☐ 验

88482 × 12 = ☐☐☐☐☐☐
☐ × ☐ = ☐ 验

32145 × 12 = ☐☐☐☐☐☐
☐ × ☐ = ☐ 验

66452 × 12 = ☐☐☐☐☐☐
☐ × ☐ = ☐ 验

55151 × 12 = ☐☐☐☐☐☐
☐ × ☐ = ☐ 验

73012 × 12 = ☐☐☐☐☐☐
☐ × ☐ = ☐ 验

〓 养成用快准验算方法进行验算的好习惯。

✗ 练习题 ✓   计时 ① [＿＿＿＿] 秒

$13 \times 12 =$ ☐☐☐ $121 \times 12 =$ ☐☐☐☐

$25 \times 12 =$ ☐☐☐ $216 \times 12 =$ ☐☐☐☐

$43 \times 12 =$ ☐☐☐ $332 \times 12 =$ ☐☐☐☐

$47 \times 12 =$ ☐☐☐ $435 \times 12 =$ ☐☐☐☐

$62 \times 12 =$ ☐☐☐ $676 \times 12 =$ ☐☐☐☐

$51 \times 12 =$ ☐☐☐ $553 \times 12 =$ ☐☐☐☐

$24 \times 12 =$ ☐☐☐ $746 \times 12 =$ ☐☐☐☐

$77 \times 12 =$ ☐☐☐ $341 \times 12 =$ ☐☐☐☐

$39 \times 12 =$ ☐☐☐ $315 \times 12 =$ ☐☐☐☐

$98 \times 12 =$ ☐☐☐☐ $918 \times 12 =$ ☐☐☐☐

$2222 \times 12 =$ ☐☐☐☐☐ $12345 \times 12 =$ ☐☐☐☐☐☐

$6671 \times 12 =$ ☐☐☐☐☐ $33123 \times 12 =$ ☐☐☐☐☐☐

$4312 \times 12 =$ ☐☐☐☐☐ $44444 \times 12 =$ ☐☐☐☐☐☐

$5632 \times 12 =$ ☐☐☐☐☐ $23541 \times 12 =$ ☐☐☐☐☐☐

$7120 \times 12 =$ ☐☐☐☐☐ $31142 \times 12 =$ ☐☐☐☐☐☐

$1114 \times 12 =$ ☐☐☐☐☐ $66161 \times 12 =$ ☐☐☐☐☐☐

$3434 \times 12 =$ ☐☐☐☐☐ $76565 \times 12 =$ ☐☐☐☐☐☐

$5315 \times 12 =$ ☐☐☐☐☐ $55445 \times 12 =$ ☐☐☐☐☐☐

$2211 \times 12 =$ ☐☐☐☐☐ $54678 \times 12 =$ ☐☐☐☐☐☐

$8866 \times 12 =$ ☐☐☐☐☐☐ $99999 \times 12 =$ ☐☐☐☐☐☐☐

≒ 40 题准确率 100%，且用时在 135 秒以内者为优秀。

第四节

多位数乘一位数和快准验算

规则与术语 多位数乘3

（1）整数中，能被 2 整除的数是偶数，不能被 2 整除的数是奇数。

（2）10 减前因数的右 1 数之差翻倍，若右 1 数为奇数，则再加 5 的和（若大于 9 则进位）作为积的右 1 数。

（3）9 减前因数的中间数之差翻倍，加上右邻数的一半（取整数），若该中间数为奇数，则再加上 5，若前一步有进位数则再加上进位数的和（若大于 9 则进位）作为积的中间数。

（4）取前因数左 1 数的一半再减去 2，若前一步有进位数则再加上进位数的和作为积的左 1 数。

例❶

$$2468 \times 3 = 7404$$

第 **1** 步：将式中 2468×3 前因数的右 1 数"8"用 10 减去它取其差翻倍 [（10-8）×2=4] 作为积的右 1 数，若大于 9 则进位。

$$2468 \times 3 = 7404$$

(10÷8)×2＝4

第 **2** 步：将式中 2468×3 前因数的中间数"6"用 9 减去它取其差翻倍 [(9-6)×2=6] 加上右邻数"8"的一半，若前一步有进位数则加上进位数之和作为积的中间数，若大于 9 则进位。

$$2468 \times 3 = 7404$$

(9÷6)×2÷8÷2＝10

第 **3** 步：将式中 2468×3 前因数的中间数"4"用 9 减去它取其差翻倍 [(9-4)×2=10] 加上右邻数"6"的一半，若前一步有进位数则加上进位数之和作为积的中间数，若大于 9 则进位。

$$2468 \times 3 = 7404$$

(9÷4)×2÷6÷2÷1＝14

第 **4** 步：将式中 2468×3 前因数的左 1 数 "2" 用 9 减去它取其差翻倍 [（9-2）×2=14] 加上右邻数 "4" 的一半，若前一步有进位数则加上进位数之和作为积的中间数，若大于 9 则进位。

$$2\underline{4}68 \quad \times \quad 3 \quad = \quad \underline{7}404$$

$$（9-2）× 2+4÷2+1 = 17$$

第 **5** 步：取式中 2468×3 前因数的左 1 数 "2" 的一半，若前一步有进位数则加上进位数减 2 的差作为积的左 1 数，若为 "0" 则不记录。

$$\underline{2}468 \quad \times \quad 3 \quad = \quad \underline{0}7404$$

$$2÷2+1-2=0$$

例❷

$$758 \quad \times \quad 3 \quad = \quad 2274$$

第 **1** 步：将式中 758×3 前因数的右 1 数 "8" 用 10 减去它取其差翻倍 [（10-8）×2=4] 作为积的右 1 数，若大于 9 则进位。

$$75\underline{8} \quad \times \quad 3 \quad = \quad 227\underline{4}$$

$$（10-8）× 2 = 4$$

第**2**步：将式中 758×3 前因数的中间数"5"用9减去它取其差翻倍 [(9-5)×2=8] 加上右邻数"8"的一半，中间数"5"为奇数，应再加上5，若前一步有进位数则加上进位数之和作为积的中间数，若大于9则进位。

$$758 \quad \times \quad 3 \quad = \quad 2274$$

(9-5)×2+8÷2+5 = 17

第**3**步：将式中 758×3 前因数的左1数"7"用9减去它取其差翻倍 [(9-7)×2=4] 加上右邻数"5"的一半（取整数），左1数"7"为奇数，应再加上5，若前一步有进位数则加上进位数之和作为积的中间数，若大于9则进位。

$$758 \quad \times \quad 3 \quad = \quad 2274$$

(9-7)×2+5÷2+5+1 = 12 (取整数)

第**4**步：取式中 758×3 前因数的左1数"7"的一半（取整数），若前一步有进位数则加上进位数减去2之差作为积的左1数。

$$758 \quad \times \quad 3 \quad = \quad 2274$$

7÷2+1-2=2 (取整数)

快准验算方法 ●●●

（1）借用第二节表述并通用的乘法快准验算方法。

（2）下面举例说明。

例❸

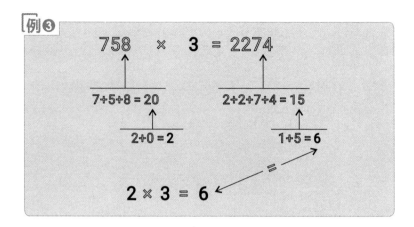

✕ 练习题 ✓

24 × 3 = □□
□ × □ = □ 验

42 × 3 = □□□
□ × □ = □ 验

44 × 3 = □□□
□ × □ = □ 验

84 × 3 = □□□
□ × □ = □ 验

55 × 3 = □□□
□ × □ = □ 验

8264 × 3 = □□□□□
□ × □ = □ 验

4446 × 3 = □□□□□
□ × □ = □ 验

3511 × 3 = □□□□□
□ × □ = □ 验

9234 × 3 = □□□□□
□ × □ = □ 验

7808 × 3 = □□□□□
□ × □ = □ 验

642 × 3 = □□□□
□ × □ = □ 验

123 × 3 = □□□
□ × □ = □ 验

664 × 3 = □□□□
□ × □ = □ 验

555 × 3 = □□□□
□ × □ = □ 验

717 × 3 = □□□□
□ × □ = □ 验

68482 × 3 = □□□□□□
□ × □ = □ 验

24684 × 3 = □□□□□□
□ × □ = □ 验

66002 × 3 = □□□□□□
□ × □ = □ 验

55151 × 3 = □□□□□□
□ × □ = □ 验

70032 × 3 = □□□□□□
□ × □ = □ 验

═ 养成用快准验算方法进行验算的好习惯。

46 × 3 = ▭▭▭　　　　222 × 3 = ▭▭▭

22 × 3 = ▭▭　　　　　626 × 3 = ▭▭▭▭

48 × 3 = ▭▭▭　　　　884 × 3 = ▭▭▭▭

26 × 3 = ▭▭　　　　　602 × 3 = ▭▭▭▭

64 × 3 = ▭▭▭　　　　108 × 3 = ▭▭▭

21 × 3 = ▭▭　　　　　221 × 3 = ▭▭▭

17 × 3 = ▭▭　　　　　423 × 3 = ▭▭▭▭

74 × 3 = ▭▭▭　　　　117 × 3 = ▭▭▭

38 × 3 = ▭▭▭　　　　316 × 3 = ▭▭▭

98 × 3 = ▭▭▭　　　　988 × 3 = ▭▭▭▭

2462 × 3 = ▭▭▭▭▭　　24680 × 3 = ▭▭▭▭▭▭

6624 × 3 = ▭▭▭▭▭　　84606 × 3 = ▭▭▭▭▭▭

4862 × 3 = ▭▭▭▭▭　　66666 × 3 = ▭▭▭▭▭▭

6448 × 3 = ▭▭▭▭▭　　42082 × 3 = ▭▭▭▭▭▭

7017 × 3 = ▭▭▭▭▭　　77153 × 3 = ▭▭▭▭▭▭

5314 × 3 = ▭▭▭▭▭　　34526 × 3 = ▭▭▭▭▭▭

3634 × 3 = ▭▭▭▭▭　　75565 × 3 = ▭▭▭▭▭▭

2031 × 3 = ▭▭▭▭　　12446 × 3 = ▭▭▭▭▭▭

5515 × 3 = ▭▭▭▭▭　　54628 × 3 = ▭▭▭▭▭▭

8736 × 3 = ▭▭▭▭▭　　94689 × 3 = ▭▭▭▭▭▭

≐ 40 题准确率 100%，且用时在 110 秒以内者为优秀。

规则与术语　多位数乘4

（1）10 减前因数的右 1 数之差，若右 1 数为奇数，则再加 5 的和（若大于 9 则进位）作为积的右 1 数。

（2）9 减前因数的中间数之差，加上右邻数的一半，若该中间数为奇数，则再加上 5，若前一步有进位数则再加上进位数的和（若大于 9 则进位）作为积的中间数。

（3）取前因数左 1 数的一半再减去 1 之差作为积的左 1 数。

例❶

$$462 \quad \times \quad 4 \quad = \quad 1848$$

第 **1** 步：将式中 462×4 前因数的右 1 数 "2" 用 10 减去它取其差 [10-2=8] 作为积的右 1 数，若大于 9 则进位。

$$462 \quad \times \quad 4 \quad = \quad 1848$$

$$10-2=8$$

第 **2** 步：将式中 462×4 前因数的中间数 "6" 用 9 减去它取其差 [9-6=3] 加上右邻数 "2" 的一半，若前一步有进位数则加上进位数之和作为积的中间数，若大于 9 则进位。

$$462 \quad \times \quad 4 \quad = \quad 1848$$

$$9-6÷2÷2= 4$$

第 **3** 步：将式中 462×4 前因数的左 1 数 "4" 用 9 减去它取其差 [9-4=5] 加上右邻数 "6" 的一半，若前一步有进位数则加上进位数之和作为积的中间数，若大于 9 则进位。

$$462 \times 4 = 1848$$

$$9-4÷6÷2=8$$

第 **4** 步：取式中 462×4 前因数的左 1 数"4"的一半，若前一步有进位数则加上进位数减1的差作为积的左 1 数，若为"0"则不记录。

$$462 \times 4 = 1848$$

$$4÷2-1=1$$

例❷

$$705 \times 4 = 2820$$

第 **1** 步：将式中 705×4 前因数的右 1 数"5"用 10 减去它取其差 [10-5=5]，右 1 数为奇数，则再加 5 之和作为积的右 1 数，若大于 9 则进位。

$$705 \times 4 = 2820$$

$$10-5÷5=10$$

第 **2** 步：将式中 705×4 前因数的中间数"0"用 9 减去它取其差 [9-0=9] 加上右邻数"5"的一半（取整数），若前一步有进位数则加上进位数之和作为积的中间数，若大于 9 则进位。

$$705 \times 4 = 2820$$

$$9-0÷5÷2+1 = 12 \text{（取整数）}$$

第 **3** 步：将式中 705×4 前因数的左 1 数 "7" 用 9 减去它取其差 [9-7=2] 加上右邻数 "0" 的一半，若前一步有进位数则加上进位数之和作为积的中间数，若大于 9 则进位。

705　×　4　=　**28**20

9-7+0÷2+5+1=8

第 **4** 步：取式中 705×4 前因数的左 1 数 "7" 的一半（取整数），若前一步有进位数则加上进位数减 1 的差作为积的左 1 数，若为 "0" 则不记录。

705　×　4　=　**2**820

7÷2-1=2(取整数)

快准验算方法 ●●●

（1）借用第二节表述并通用的乘法快准验算方法。

（2）下面举例说明。

例❸

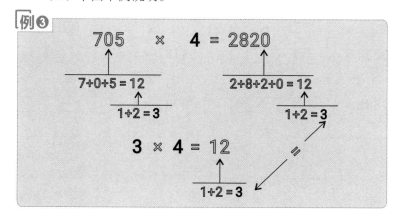

✕ 练习题 ✓

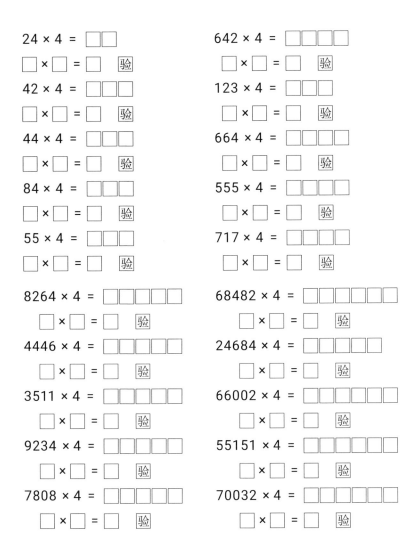

24 × 4 = □□
□ × □ = □ 验

642 × 4 = □□□□
□ × □ = □ 验

42 × 4 = □□□
□ × □ = □ 验

123 × 4 = □□□
□ × □ = □ 验

44 × 4 = □□□
□ × □ = □ 验

664 × 4 = □□□□
□ × □ = □ 验

84 × 4 = □□□
□ × □ = □ 验

555 × 4 = □□□□
□ × □ = □ 验

55 × 4 = □□□
□ × □ = □ 验

717 × 4 = □□□□
□ × □ = □ 验

8264 × 4 = □□□□□
□ × □ = □ 验

68482 × 4 = □□□□□□
□ × □ = □ 验

4446 × 4 = □□□□□
□ × □ = □ 验

24684 × 4 = □□□□□□
□ × □ = □ 验

3511 × 4 = □□□□□
□ × □ = □ 验

66002 × 4 = □□□□□□
□ × □ = □ 验

9234 × 4 = □□□□□
□ × □ = □ 验

55151 × 4 = □□□□□□
□ × □ = □ 验

7808 × 4 = □□□□□
□ × □ = □ 验

70032 × 4 = □□□□□□
□ × □ = □ 验

〓 养成用快准验算方法进行验算的好习惯。

✕ 练习题 ✓ 　　　　　计时 ⏱ ▢ 秒

$46 \times 4 =$ ▢▢▢　　　$222 \times 4 =$ ▢▢▢

$22 \times 4 =$ ▢▢　　　$626 \times 4 =$ ▢▢▢▢

$48 \times 4 =$ ▢▢▢　　　$884 \times 4 =$ ▢▢▢▢

$26 \times 4 =$ ▢▢▢　　　$602 \times 4 =$ ▢▢▢▢

$64 \times 4 =$ ▢▢▢　　　$108 \times 4 =$ ▢▢▢▢

$21 \times 4 =$ ▢▢　　　$221 \times 4 =$ ▢▢▢

$17 \times 4 =$ ▢▢　　　$423 \times 4 =$ ▢▢▢▢

$74 \times 4 =$ ▢▢▢　　　$117 \times 4 =$ ▢▢▢▢

$38 \times 4 =$ ▢▢▢　　　$316 \times 4 =$ ▢▢▢▢

$98 \times 4 =$ ▢▢▢　　　$988 \times 4 =$ ▢▢▢▢

$2462 \times 4 =$ ▢▢▢▢▢　　　$24680 \times 4 =$ ▢▢▢▢▢▢

$6624 \times 4 =$ ▢▢▢▢▢　　　$84606 \times 4 =$ ▢▢▢▢▢▢

$4862 \times 4 =$ ▢▢▢▢▢　　　$66666 \times 4 =$ ▢▢▢▢▢▢

$6448 \times 4 =$ ▢▢▢▢▢　　　$42082 \times 4 =$ ▢▢▢▢▢▢

$7017 \times 4 =$ ▢▢▢▢▢　　　$77153 \times 4 =$ ▢▢▢▢▢▢

$5314 \times 4 =$ ▢▢▢▢▢　　　$34526 \times 4 =$ ▢▢▢▢▢▢

$3634 \times 4 =$ ▢▢▢▢▢　　　$75565 \times 4 =$ ▢▢▢▢▢▢

$2031 \times 4 =$ ▢▢▢▢　　　$12446 \times 4 =$ ▢▢▢▢▢▢

$5515 \times 4 =$ ▢▢▢▢▢　　　$54628 \times 4 =$ ▢▢▢▢▢▢

$8736 \times 4 =$ ▢▢▢▢▢　　　$94689 \times 4 =$ ▢▢▢▢▢▢

= 40题准确率100%，且用时在110秒以内者为优秀。

规则与术语　多位数乘5

（1）依次取前因数各本位数的右邻数（当前因数的右 1 数没有右邻数时取"0"）的一半（取整数），若本位数为奇数时，则加 5 之和作为积的一位数。

（2）取前因数左 1 数的一半（取整数），作为积的左 1 数。

例❶

$$264 \quad \times \quad 5 \quad = \quad 1320$$

第 **1** 步：式中 264×5 前因数右 1 数"4"的右邻数为"无"（自然科学中无即为空，空即为 0），故取 0 作为积的右 1 数。

$$264 \quad \times \quad 5 \quad = \quad 1320$$

$$0 \div 2 = 0$$

第 **2** 步：将式中 264×5 前因数中间数"6"的右邻数"4"的一半，作为积的中间数。

$$264 \quad \times \quad 5 \quad = \quad 1320$$

$$4 \div 2 = 2$$

第 **3** 步：将式中 264×5 前因数左 1 数"2"的右邻数"6"的一半，作为积的中间数。

$$264 \quad \times \quad 5 \quad = \quad 1320$$

$$6 \div 2 = 3$$

第 **4** 步：取式中 264×5 前因数左 1 数 "2" 的一半（取整数）
作为积的左 1 数。

$$2\,64 \quad \times \quad 5 \quad = \quad 1320$$

$$2÷2=1$$

例❷

$$745 \quad \times \quad 5 \quad = \quad 3725$$

第 **1** 步：式中 745×5 前因数右 1 数 "5" 的右邻数为 "无"（自
然科学中无即为空，空即为 0），右 1 数为奇数则再加 5 之和作为积
的右 1 数。

$$745 \quad \times \quad 5 \quad = \quad 3725$$

$$0÷2÷5=5$$

第 **2** 步：将式中 745×5 前因数中间数 "4" 的右邻数 "5" 的
一半（取整数），作为积的中间数。

$$745 \quad \times \quad 5 \quad = \quad 3725$$

$$5÷2=2\ (取整数)$$

第 **3** 步：取式中 745×5 前因数左 1 数 "7" 的右邻数 "4" 的一半，
左 1 数（本位数）为奇数则再加 5 之和作为积的中间数。

$$745 \quad \times \quad 5 \quad = \quad 3725$$

$$4÷2÷5=7$$

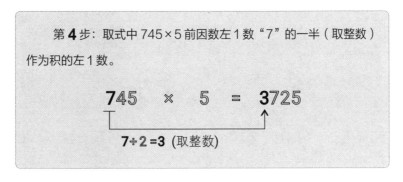

第 **4** 步：取式中 745×5 前因数左 1 数 "7" 的一半（取整数）作为积的左 1 数。

快准验算方法 ● ● ●

（1）借用第二节表述并通用的乘法快准验算方法。

（2）下面举例说明。

例❸

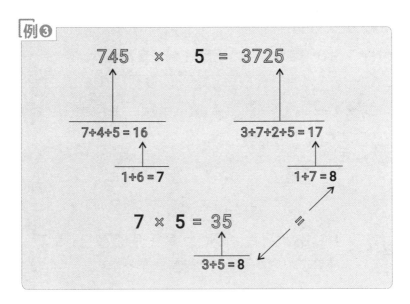

× 练习题 ✓

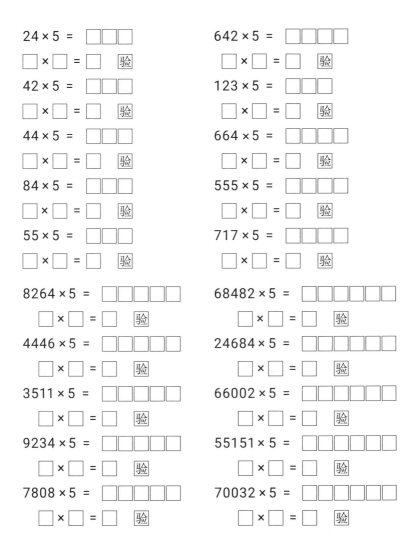

24 × 5 = ☐☐☐
☐ × ☐ = ☐ 验

642 × 5 = ☐☐☐☐
☐ × ☐ = ☐ 验

42 × 5 = ☐☐☐
☐ × ☐ = ☐ 验

123 × 5 = ☐☐☐
☐ × ☐ = ☐ 验

44 × 5 = ☐☐☐
☐ × ☐ = ☐ 验

664 × 5 = ☐☐☐☐
☐ × ☐ = ☐ 验

84 × 5 = ☐☐☐
☐ × ☐ = ☐ 验

555 × 5 = ☐☐☐☐
☐ × ☐ = ☐ 验

55 × 5 = ☐☐☐
☐ × ☐ = ☐ 验

717 × 5 = ☐☐☐☐
☐ × ☐ = ☐ 验

8264 × 5 = ☐☐☐☐☐
☐ × ☐ = ☐ 验

68482 × 5 = ☐☐☐☐☐☐
☐ × ☐ = ☐ 验

4446 × 5 = ☐☐☐☐☐
☐ × ☐ = ☐ 验

24684 × 5 = ☐☐☐☐☐☐
☐ × ☐ = ☐ 验

3511 × 5 = ☐☐☐☐☐
☐ × ☐ = ☐ 验

66002 × 5 = ☐☐☐☐☐☐
☐ × ☐ = ☐ 验

9234 × 5 = ☐☐☐☐☐
☐ × ☐ = ☐ 验

55151 × 5 = ☐☐☐☐☐☐
☐ × ☐ = ☐ 验

7808 × 5 = ☐☐☐☐☐
☐ × ☐ = ☐ 验

70032 × 5 = ☐☐☐☐☐☐
☐ × ☐ = ☐ 验

═ 养成用快准验算方法进行验算的好习惯。

46 × 5 = □□□	222 × 5 = □□□□
22 × 5 = □□□	626 × 5 = □□□□
48 × 5 = □□□	884 × 5 = □□□□
26 × 5 = □□□	602 × 5 = □□□□
64 × 5 = □□□	108 × 5 = □□□
21 × 5 = □□□	221 × 5 = □□□□
17 × 5 = □□□	423 × 5 = □□□□
74 × 5 = □□□	117 × 5 = □□□
38 × 5 = □□□	316 × 5 = □□□□
98 × 5 = □□□	988 × 5 = □□□□
2462 × 5 = □□□□□	24680 × 5 = □□□□□□
6624 × 5 = □□□□□	84606 × 5 = □□□□□□
4862 × 5 = □□□□□	66666 × 5 = □□□□□□
6448 × 5 = □□□□□	42082 × 5 = □□□□□□
7017 × 5 = □□□□□	77153 × 5 = □□□□□□
5314 × 5 = □□□□□	34526 × 5 = □□□□□□
3634 × 5 = □□□□□	75565 × 5 = □□□□□□
2031 × 5 = □□□□□	12446 × 5 = □□□□□□
5515 × 5 = □□□□□	54628 × 5 = □□□□□□
8736 × 5 = □□□□□	94689 × 5 = □□□□□□

〓 40 题准确率 100%，且用时在 100 秒以内者为优秀。

规则与术语　多位数乘6

（1）依次取前因数各本位数与右邻数（当前因数的右1数没有右邻数时取"0"）的一半（取整数）之和，若本位数为奇数时，则加5之和作为积的一位数，若大于9则进位。

（2）取前因数左1数的一半（取整数），当左1数为奇数时则加5，若前一步有进位数则加上进位数之和作为积的左1数。

例❶

$$442 \quad × \quad 6 = 2652$$

第**1**步：取式中442×6前因数的右1数"2"与右邻数为"无"（自然科学中无即为空，空即为0）的一半之和作为积的右1数。

$$442 \quad × \quad 6 = 2652$$

$$2÷0÷2=2$$

第**2**步：取式中442×6前因数的中间数"4"与右邻数"2"的一半之和作为积的中间数。

$$442 \quad × \quad 6 = 2652$$

$$4+2÷2=5$$

第**3**步：取式中442×6前因数的左1数"4"与右邻数"4"的一半之和作为积的中间数。

$$442 \quad × \quad 6 = 2652$$

$$4+4÷2=6$$

第**4**步：取式中 442×6 前因数的左 1 数"4"的一半作为积的左 1 数。

$$4\,42 \quad × \quad 6 \quad = \quad 2652$$

4÷2＝2

例❷

$$345 \quad × \quad 6 \quad = \quad 2070$$

第**1**步：取式中 345×6 前因数的右 1 数"5"加上右邻数为"无"（自然科学中无即为空，空即为 0）的一半，右 1 数为奇数则再加 5 之和作为积的右 1 数，若大于 9 则进位。

$$345 \quad × \quad 6 \quad = \quad 2070$$

5÷0÷2＋5＝10

第**2**步：取式中 345×6 前因数的中间数"4"加右邻数"5"的一半（取整数），若前一步有进位数，则再加上进位数之和作为积的中间数，若大于 9 则进位。

$$345 \quad × \quad 6 \quad = \quad 2070$$

4＋5÷2＋1＝7 (取整数)

第**3**步：取式中 345×6 前因数的左 1 数"3"加右邻数"4"的一半，左 1 数（本位数）为奇数，则再加上 5 之和作为积的中间数，若大于 9 则进位。

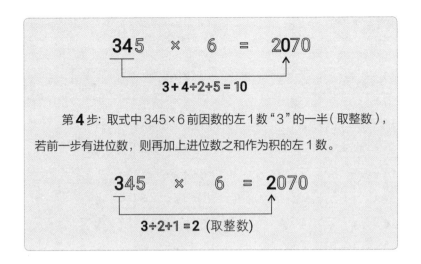

第**4**步: 取式中345×6前因数的左1数"3"的一半（取整数），若前一步有进位数，则再加上进位数之和作为积的左1数。

快准验算方法 ●··

（1）借用第二节表述并通用的乘法快准验算方法。

（2）下面举例说明。

例❸

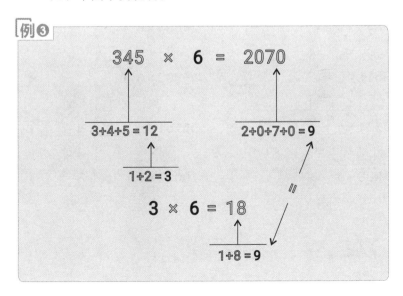

× 练习题 ✓

24 × 6 = □□□
□ × □ = □ 验

42 × 6 = □□□
□ × □ = □ 验

44 × 6 = □□□
□ × □ = □ 验

84 × 6 = □□□
□ × □ = □ 验

55 × 6 = □□□
□ × □ = □ 验

8264 × 6 = □□□□□
□ × □ = □ 验

4446 × 6 = □□□□□
□ × □ = □ 验

3511 × 6 = □□□□□
□ × □ = □ 验

9234 × 6 = □□□□□
□ × □ = □ 验

7808 × 6 = □□□□□
□ × □ = □ 验

642 × 6 = □□□□
□ × □ = □ 验

123 × 6 = □□□
□ × □ = □ 验

664 × 6 = □□□□
□ × □ = □ 验

555 × 6 = □□□□
□ × □ = □ 验

717 × 6 = □□□□
□ × □ = □ 验

68482 × 6 = □□□□□□
□ × □ = □ 验

24684 × 6 = □□□□□□
□ × □ = □ 验

66002 × 6 = □□□□□□
□ × □ = □ 验

55151 × 6 = □□□□□□
□ × □ = □ 验

70032 × 6 = □□□□□□
□ × □ = □ 验

≡ 养成用快准验算方法进行验算的好习惯。

✗ 练习题 ✓   计时 ⏱ ⬚⬚⬚⬚⬚ 秒

46 × 6 = ⬚⬚⬚   222 × 6 = ⬚⬚⬚⬚

22 × 6 = ⬚⬚⬚   626 × 6 = ⬚⬚⬚⬚

48 × 6 = ⬚⬚⬚   884 × 6 = ⬚⬚⬚⬚

26 × 6 = ⬚⬚⬚   602 × 6 = ⬚⬚⬚⬚

64 × 6 = ⬚⬚⬚   108 × 6 = ⬚⬚⬚

21 × 6 = ⬚⬚⬚   221 × 6 = ⬚⬚⬚⬚

17 × 6 = ⬚⬚⬚   423 × 6 = ⬚⬚⬚⬚

74 × 6 = ⬚⬚⬚   117 × 6 = ⬚⬚⬚

38 × 6 = ⬚⬚⬚   316 × 6 = ⬚⬚⬚⬚

98 × 6 = ⬚⬚⬚   988 × 6 = ⬚⬚⬚⬚

2462 × 6 = ⬚⬚⬚⬚⬚   24680 × 6 = ⬚⬚⬚⬚⬚⬚

6624 × 6 = ⬚⬚⬚⬚⬚   84606 × 6 = ⬚⬚⬚⬚⬚⬚

4862 × 6 = ⬚⬚⬚⬚⬚   66666 × 6 = ⬚⬚⬚⬚⬚⬚

6448 × 6 = ⬚⬚⬚⬚⬚   42082 × 6 = ⬚⬚⬚⬚⬚⬚

7017 × 6 = ⬚⬚⬚⬚⬚   77153 × 6 = ⬚⬚⬚⬚⬚⬚

5314 × 6 = ⬚⬚⬚⬚⬚   34526 × 6 = ⬚⬚⬚⬚⬚⬚

3634 × 6 = ⬚⬚⬚⬚⬚   75565 × 6 = ⬚⬚⬚⬚⬚⬚

2031 × 6 = ⬚⬚⬚⬚⬚   12446 × 6 = ⬚⬚⬚⬚⬚⬚

5515 × 6 = ⬚⬚⬚⬚⬚   54628 × 6 = ⬚⬚⬚⬚⬚⬚

8736 × 6 = ⬚⬚⬚⬚⬚   94689 × 6 = ⬚⬚⬚⬚⬚⬚

= 40 题准确率 100%，且用时在 110 秒以内者为优秀。

规则与术语　多位数乘7

（1）依次取前因数各本位数翻倍与右邻数的一半（取整数）之和，当前因数的右1数没有右邻数时取"0"，若本位数为奇数时，则加5之和作为积的一位数，若大于9则进位。

（2）取前因数左1数的一半（取整数），若前一步有进位数则加上进位数之和作积的左1数。

例❶

$$464 \quad × \quad 7 \quad = \quad 3248$$

第**1**步：取式中464×7前因数右1数"4"翻倍与右邻数为"无"（自然科学中无即为空，空即为0）的一半之和作为积的右1数。

$$464 \quad × \quad 7 \quad = \quad 3248$$

$4×2÷0÷2 = 8$

第**2**步：取式中464×7前因数中间数"6"翻倍与右邻数"4"的一半之和作为积的中间数，若大于9则进位。

$$464 \quad × \quad 7 \quad = \quad 3248$$

$6×2÷4÷2 = 14$

第**3**步：取式中464×7前因数左1数"4"翻倍加右邻数"6"的一半，若前一步有进位数则加上进位数之和作为积的中间数，若大于9则进位。

$$464 \times 7 = 3248$$

$$4 \times 2 + 6 \div 2 + 1 = 12$$

第4步：取式中 464×7 前因数左1数"4"的一半，若前一步有进位数则加上进位数之和作为积的左1数。

$$464 \times 7 = 3248$$

$$4 \div 2 + 1 = 3$$

例❷

$$347 \times 7 = 2429$$

第1步：取式中 347×7 前因数右1数"7"翻倍加右邻数为"无"（自然科学中无即为空，空即为0）的一半，右1数为奇数，则再加上5之和作为积的右1数，若大于9则进位。

$$347 \times 7 = 2429$$

$$7 \times 2 + 0 \div 2 + 5 = 19$$

第2步：取式中 347×7 前因数的中间数"4"翻倍与右邻数"7"的一半（取整数）之和作为积的中间数，若大于9则进位。

$$347 \times 7 = 2429$$

$$4 \times 2 + 7 \div 2 + 1 = 12 \text{（取整数）}$$

第3步：取式中 347×7 前因数的左1数"3"翻倍加右邻数"4"

的一半，右1数为奇数，则再加上5，若前一步有进位数则加上进位
数之和作为积的中间数，若大于9则进位。

$$347 \times 7 = 2429$$

3×2+4÷2+5+1 = 14

第4步：取式中347×7前因数的左1数"3"的一半（取整数），
若前一步有进位数则加上进位数之和作为积的左1数。

$$347 \times 7 = 2429$$

3÷2+1 =2

快准验算方法 ●●●

（1）借用第二节表述并通用的乘法快准验算方法。

（2）下面举例说明。

例❸

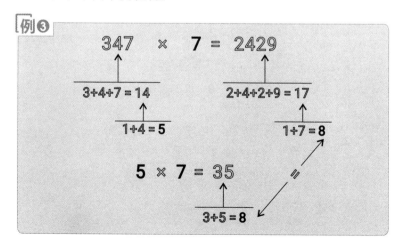

$$347 \times 7 = 2429$$

3+4+7 = 14   2+4+2+9 = 17

1+4 = 5   1+7 = 8

$$5 \times 7 = 35$$

3+5 = 8

✕ 练习题 ✓

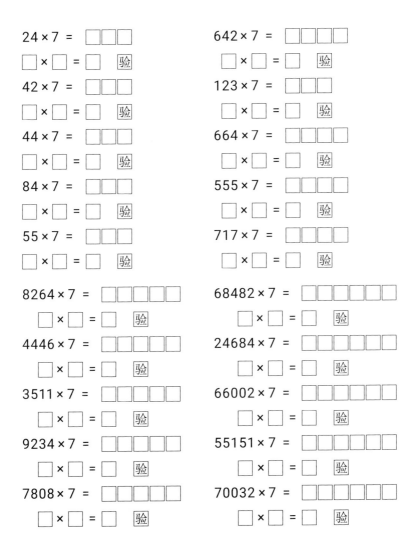

24 × 7 = ☐☐☐
☐ × ☐ = ☐ 验

42 × 7 = ☐☐☐
☐ × ☐ = ☐ 验

44 × 7 = ☐☐☐
☐ × ☐ = ☐ 验

84 × 7 = ☐☐☐
☐ × ☐ = ☐ 验

55 × 7 = ☐☐☐
☐ × ☐ = ☐ 验

8264 × 7 = ☐☐☐☐☐
☐ × ☐ = ☐ 验

4446 × 7 = ☐☐☐☐☐
☐ × ☐ = ☐ 验

3511 × 7 = ☐☐☐☐☐
☐ × ☐ = ☐ 验

9234 × 7 = ☐☐☐☐☐
☐ × ☐ = ☐ 验

7808 × 7 = ☐☐☐☐☐
☐ × ☐ = ☐ 验

642 × 7 = ☐☐☐☐
☐ × ☐ = ☐ 验

123 × 7 = ☐☐☐
☐ × ☐ = ☐ 验

664 × 7 = ☐☐☐☐
☐ × ☐ = ☐ 验

555 × 7 = ☐☐☐☐
☐ × ☐ = ☐ 验

717 × 7 = ☐☐☐☐
☐ × ☐ = ☐ 验

68482 × 7 = ☐☐☐☐☐☐
☐ × ☐ = ☐ 验

24684 × 7 = ☐☐☐☐☐☐
☐ × ☐ = ☐ 验

66002 × 7 = ☐☐☐☐☐☐
☐ × ☐ = ☐ 验

55151 × 7 = ☐☐☐☐☐☐
☐ × ☐ = ☐ 验

70032 × 7 = ☐☐☐☐☐☐
☐ × ☐ = ☐ 验

〓 养成用快准验算方法进行验算的好习惯。

46 × 7 = ☐☐☐　　　222 × 7 = ☐☐☐☐

22 × 7 = ☐☐☐　　　626 × 7 = ☐☐☐☐

48 × 7 = ☐☐☐　　　884 × 7 = ☐☐☐☐

26 × 7 = ☐☐☐　　　602 × 7 = ☐☐☐☐

64 × 7 = ☐☐☐　　　108 × 7 = ☐☐☐

21 × 7 = ☐☐☐　　　221 × 7 = ☐☐☐☐

17 × 7 = ☐☐☐　　　423 × 7 = ☐☐☐☐

74 × 7 = ☐☐☐　　　117 × 7 = ☐☐☐

38 × 7 = ☐☐☐　　　316 × 7 = ☐☐☐☐

98 × 7 = ☐☐☐　　　988 × 7 = ☐☐☐☐

2462 × 7 = ☐☐☐☐☐　　24680 × 7 = ☐☐☐☐☐☐

6624 × 7 = ☐☐☐☐☐　　84606 × 7 = ☐☐☐☐☐☐

4862 × 7 = ☐☐☐☐☐　　66666 × 7 = ☐☐☐☐☐☐

6448 × 7 = ☐☐☐☐☐　　42082 × 7 = ☐☐☐☐☐☐

7017 × 7 = ☐☐☐☐☐　　77153 × 7 = ☐☐☐☐☐☐

5314 × 7 = ☐☐☐☐☐　　34526 × 7 = ☐☐☐☐☐☐

3634 × 7 = ☐☐☐☐☐　　75565 × 7 = ☐☐☐☐☐☐

2031 × 7 = ☐☐☐☐☐　　12446 × 7 = ☐☐☐☐☐☐

5515 × 7 = ☐☐☐☐☐　　54628 × 7 = ☐☐☐☐☐☐

8736 × 7 = ☐☐☐☐☐　　94689 × 7 = ☐☐☐☐☐☐

= 40 题准确率 100%，且用时在 110 秒以内者为优秀。

规则与术语　　多位数乘8

（1）用10减前因数右1数取差翻倍再加上右邻数（当前因数的右1数没有右邻数时取"0"）作为积的右1数，若大于9则进位。

（2）用9减前因数中间数取差翻倍再加上右邻数，若前一步有进位数则加上进位数作为积的中间数，若大于9则进位。

（3）取前因数左1数减2，若前一步有进位数则加上进位数之和作为积的左1数。

例❶

$$432 \quad \times \quad 8 \quad = \quad 3456$$

第**1**步：用10减去式中432×8前因数的右1数"2"之差翻倍加上右邻数为"无"（自然科学中无即为空，空即为0)的和作为积的右1数，若大于9则进位。

$$432 \quad \times \quad 8 \quad = \quad 3456$$

$$(10-2) \times 2 + 0 = 16$$

第**2**步：用9减去式中432×8前因数的中间数"3"之差翻倍加上右邻数"2"，若前一步有进位数则加上进位数之和作为积的中间数，若大于9则进位。

$$432 \quad \times \quad 8 \quad = \quad 3456$$

$$(9-3) \times 2 + 2 + 1 = 15$$

第 **3** 步：用 9 减去式中 432×8 前因数的左 1 数 "4" 之差翻倍加上右邻数 "3"，若前一步有进位数则加上进位数之和作为积的中间数，若大于 9 则进位。

$$432 \quad \times \quad 8 \quad = \quad 3456$$

$$(9-4) \times 2+3+1=14$$

第 **4** 步：用式中 432×8 前因数的左 1 数 "4" 减 2，若前一步有进位数则加上进位数之和作为积的左 1 数。

$$432 \quad \times \quad 8 \quad = \quad 3456$$

$$4-2+1=3$$

快准验算方法 ●●●

（1）借用第二节表述并通用的乘法快准验算方法。

（2）下面举例说明。

例❷

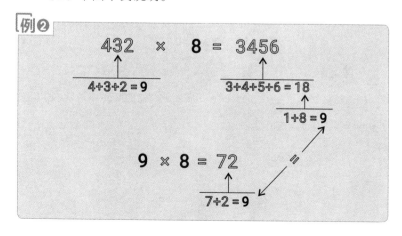

✕ 练习题 ✓

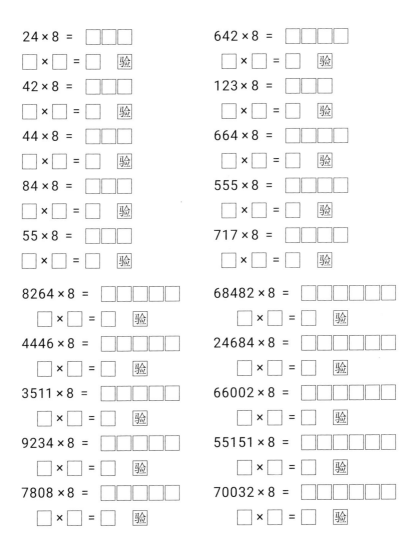

24 × 8 = ☐☐☐
☐ × ☐ = ☐ 验

42 × 8 = ☐☐☐
☐ × ☐ = ☐ 验

44 × 8 = ☐☐☐
☐ × ☐ = ☐ 验

84 × 8 = ☐☐☐
☐ × ☐ = ☐ 验

55 × 8 = ☐☐☐
☐ × ☐ = ☐ 验

8264 × 8 = ☐☐☐☐☐
☐ × ☐ = ☐ 验

4446 × 8 = ☐☐☐☐☐
☐ × ☐ = ☐ 验

3511 × 8 = ☐☐☐☐☐
☐ × ☐ = ☐ 验

9234 × 8 = ☐☐☐☐☐
☐ × ☐ = ☐ 验

7808 × 8 = ☐☐☐☐☐
☐ × ☐ = ☐ 验

642 × 8 = ☐☐☐☐
☐ × ☐ = ☐ 验

123 × 8 = ☐☐☐
☐ × ☐ = ☐ 验

664 × 8 = ☐☐☐☐
☐ × ☐ = ☐ 验

555 × 8 = ☐☐☐☐
☐ × ☐ = ☐ 验

717 × 8 = ☐☐☐☐
☐ × ☐ = ☐ 验

68482 × 8 = ☐☐☐☐☐☐
☐ × ☐ = ☐ 验

24684 × 8 = ☐☐☐☐☐☐
☐ × ☐ = ☐ 验

66002 × 8 = ☐☐☐☐☐☐
☐ × ☐ = ☐ 验

55151 × 8 = ☐☐☐☐☐☐
☐ × ☐ = ☐ 验

70032 × 8 = ☐☐☐☐☐☐
☐ × ☐ = ☐ 验

= 养成用快准验算方法进行验算的好习惯。

$46 \times 8 =$ □□□	$222 \times 8 =$ □□□□
$22 \times 8 =$ □□□	$626 \times 8 =$ □□□□
$48 \times 8 =$ □□□	$884 \times 8 =$ □□□□
$26 \times 8 =$ □□□	$602 \times 8 =$ □□□□
$64 \times 8 =$ □□□	$108 \times 8 =$ □□□
$21 \times 8 =$ □□□	$221 \times 8 =$ □□□□
$17 \times 8 =$ □□□	$423 \times 8 =$ □□□□
$74 \times 8 =$ □□□	$117 \times 8 =$ □□□
$38 \times 8 =$ □□□	$316 \times 8 =$ □□□□
$98 \times 8 =$ □□□	$988 \times 8 =$ □□□□
$2462 \times 8 =$ □□□□□	$24680 \times 8 =$ □□□□□□
$6624 \times 8 =$ □□□□□	$84606 \times 8 =$ □□□□□□
$4862 \times 8 =$ □□□□□	$66666 \times 8 =$ □□□□□□
$6448 \times 8 =$ □□□□□	$42082 \times 8 =$ □□□□□□
$7017 \times 8 =$ □□□□□	$77153 \times 8 =$ □□□□□□
$5314 \times 8 =$ □□□□□	$34526 \times 8 =$ □□□□□□
$3634 \times 8 =$ □□□□□	$75565 \times 8 =$ □□□□□□
$2031 \times 8 =$ □□□□□	$12446 \times 8 =$ □□□□□□
$5515 \times 8 =$ □□□□□	$54628 \times 8 =$ □□□□□□
$8736 \times 8 =$ □□□□□	$94689 \times 8 =$ □□□□□□

≡ 40 题准确率 100%，且用时在 110 秒以内者为优秀。

规则与术语 多位数乘9

（1）用10减前因数右1数取差再加上右邻数（当前因数的右1数没有右邻数时取"0"）作为积的右1数，若大于9则进位。

（2）用9减前因数中间数取差再加上右邻数，若前一步有进位数则加上进位数之和作为积的中间数，若大于9则进位。

（3）取前因数左1数减1，若前一步有进位数则加上进位数之和作积的左1数。

例❶

$$954 \quad \times \quad 9 \quad = \quad 8586$$

第 **1** 步：用10减去式中954×9前因数的右1数"4"之差加上右邻数为"无"（自然科学中无即为空，空即为0）之和作为积的右1数，若大于9则进1。

$$954 \quad \times \quad 9 \quad = \quad 8586$$

$$10-4+0=6$$

第 **2** 步：用9减去式中954×9前因数的中间数"5"之差加上右邻数"4"，若前一步有进位数则加上进位数之和作为积的中间数，若大于9则进位。

$$954 \quad \times \quad 9 \quad = \quad 8586$$

$$9-5+4=8$$

第**3**步：用9减去式中954×9前因数的左1数"9"之差加上右邻数"5"，若前一步有进位数则加上进位数之和作为积的中间数，若大于9则进位。

$$954 \qquad × \qquad 9 \qquad = \qquad 8586$$

9−9+5＝5

第**4**步：用式中954×9前因数的左1数"9"减1，若前一步有进位数则加上进位数之和作为积的左1数。

$$954 \qquad × \qquad 9 \qquad = \qquad 8586$$

9−1＝8

快准验算方法 ●●●

（1）借用第二节表述并通用的乘法快准验算方法。

（2）下面举例说明。

例❷

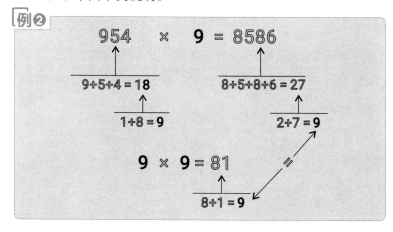

× 练习题 ✓

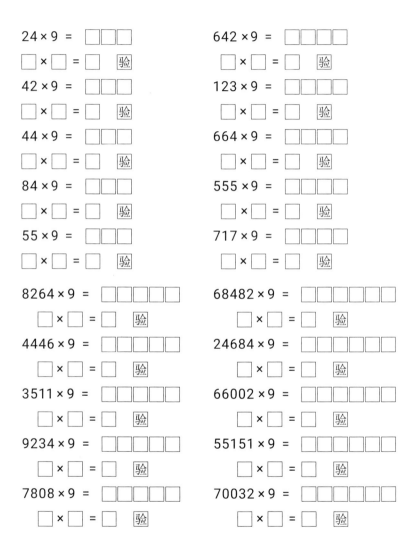

24 × 9 = ☐☐☐
☐ × ☐ = ☐ 验

42 × 9 = ☐☐☐
☐ × ☐ = ☐ 验

44 × 9 = ☐☐☐
☐ × ☐ = ☐ 验

84 × 9 = ☐☐☐
☐ × ☐ = ☐ 验

55 × 9 = ☐☐☐
☐ × ☐ = ☐ 验

8264 × 9 = ☐☐☐☐☐
☐ × ☐ = ☐ 验

4446 × 9 = ☐☐☐☐☐
☐ × ☐ = ☐ 验

3511 × 9 = ☐☐☐☐☐
☐ × ☐ = ☐ 验

9234 × 9 = ☐☐☐☐☐
☐ × ☐ = ☐ 验

7808 × 9 = ☐☐☐☐☐
☐ × ☐ = ☐ 验

642 × 9 = ☐☐☐☐
☐ × ☐ = ☐ 验

123 × 9 = ☐☐☐☐
☐ × ☐ = ☐ 验

664 × 9 = ☐☐☐☐
☐ × ☐ = ☐ 验

555 × 9 = ☐☐☐☐
☐ × ☐ = ☐ 验

717 × 9 = ☐☐☐☐
☐ × ☐ = ☐ 验

68482 × 9 = ☐☐☐☐☐☐
☐ × ☐ = ☐ 验

24684 × 9 = ☐☐☐☐☐☐
☐ × ☐ = ☐ 验

66002 × 9 = ☐☐☐☐☐☐
☐ × ☐ = ☐ 验

55151 × 9 = ☐☐☐☐☐☐
☐ × ☐ = ☐ 验

70032 × 9 = ☐☐☐☐☐☐
☐ × ☐ = ☐ 验

≡ 养成用快准验算方法进行验算的好习惯。

46 × 9 = ⬜⬜⬜	222 × 9 = ⬜⬜⬜⬜
22 × 9 = ⬜⬜⬜	626 × 9 = ⬜⬜⬜⬜
48 × 9 = ⬜⬜⬜	884 × 9 = ⬜⬜⬜⬜
26 × 9 = ⬜⬜⬜	602 × 9 = ⬜⬜⬜⬜
64 × 9 = ⬜⬜⬜	108 × 9 = ⬜⬜⬜
21 × 9 = ⬜⬜⬜	221 × 9 = ⬜⬜⬜⬜
17 × 9 = ⬜⬜⬜	423 × 9 = ⬜⬜⬜⬜
74 × 9 = ⬜⬜⬜	117 × 9 = ⬜⬜⬜
38 × 9 = ⬜⬜⬜	316 × 9 = ⬜⬜⬜⬜
98 × 9 = ⬜⬜⬜	988 × 9 = ⬜⬜⬜⬜
2462 × 9 = ⬜⬜⬜⬜⬜	24680 × 9 = ⬜⬜⬜⬜⬜⬜
6624 × 9 = ⬜⬜⬜⬜⬜	84606 × 9 = ⬜⬜⬜⬜⬜⬜
4862 × 9 = ⬜⬜⬜⬜⬜	66666 × 9 = ⬜⬜⬜⬜⬜⬜
6448 × 9 = ⬜⬜⬜⬜⬜	42082 × 9 = ⬜⬜⬜⬜⬜⬜
7017 × 9 = ⬜⬜⬜⬜⬜	77153 × 9 = ⬜⬜⬜⬜⬜⬜
5314 × 9 = ⬜⬜⬜⬜⬜	34526 × 9 = ⬜⬜⬜⬜⬜⬜
3634 × 9 = ⬜⬜⬜⬜⬜	75565 × 9 = ⬜⬜⬜⬜⬜⬜
2031 × 9 = ⬜⬜⬜⬜⬜	12446 × 9 = ⬜⬜⬜⬜⬜⬜
5515 × 9 = ⬜⬜⬜⬜⬜	54628 × 9 = ⬜⬜⬜⬜⬜⬜
8736 × 9 = ⬜⬜⬜⬜⬜	94689 × 9 = ⬜⬜⬜⬜⬜⬜

≡ 40 题准确率 100%，且用时在 100 秒以内者为优秀。

第五节
多位数乘两位数和快准验算

规则与术语　两位数乘两位数

（1）取前因数的右1数乘后因数的右1数之积作为积的右1数，若大于9则进位。

（2）前因数各位数自右至左与后因数形成内外对数，内部对数之积加上外部对数之积，若前一步有进位数，则再加上进位数之和（若大于9则进位）作为积的中间数。

（3）取前因数的左1数乘后因数的左1数之积，若前一步有进位数，则再加上进位数之和作为积的左1数。

例❶

$$27 \quad \times \quad 35 \quad = \quad 945$$

第**1**步：取式中27×35前因数的右1数"7"乘后因数的右1数"5"之积作为积的右1数，若大于9则进位。

$$27 \quad \times \quad 35 = 945$$

$$7 \times 5 = 35$$

第 2 步：将式中 27×35 内部对数 "7" 和 "3" 相乘，再加上外部对数 "2" 和 "5" 相乘，若前一步有进位数则加上进位数之和作为积的中间数，若大于 9 则进位。

$$2\,7 \quad \times \quad 3\,5 = 945$$

$$7 \times 3 + 2 \times 5 + 3 = 34$$

第 3 步：取式中 27×35 前因数的左 1 数 "2" 乘后因数的左 1 数 "3" 之积，若前一步有进位数则加上进位数之和作为积的左 1 数。

$$27 \quad \times \quad 35 = 945$$

$$2 \times 3 + 3 = 9$$

快准验算方法 ●●●

（1）借用第二节表述并通用的乘法快准验算方法。

（2）下面举例说明。

例❷

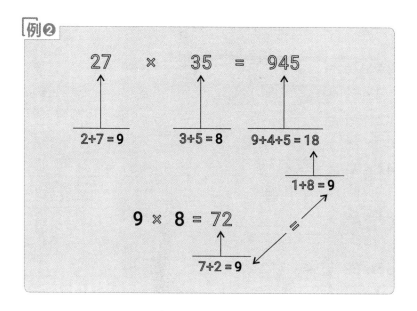

× 练习题 ✓

24 × 76 = ☐☐☐☐
☐ × ☐ = ☐ 验

42 × 21 = ☐☐☐
☐ × ☐ = ☐ 验

44 × 91 = ☐☐☐☐
☐ × ☐ = ☐ 验

84 × 54 = ☐☐☐☐
☐ × ☐ = ☐ 验

55 × 63 = ☐☐☐☐
☐ × ☐ = ☐ 验

79 × 36 = ☐☐☐☐
☐ × ☐ = ☐ 验

37 × 73 = ☐☐☐☐
☐ × ☐ = ☐ 验

39 × 38 = ☐☐☐☐
☐ × ☐ = ☐ 验

14 × 43 = ☐☐☐
☐ × ☐ = ☐ 验

23 × 81 = ☐☐☐☐
☐ × ☐ = ☐ 验

74 × 46 = ☐☐☐☐
☐ × ☐ = ☐ 验

78 × 53 = ☐☐☐☐
☐ × ☐ = ☐ 验

34 × 51 = ☐☐☐☐
☐ × ☐ = ☐ 验

33 × 44 = ☐☐☐☐
☐ × ☐ = ☐ 验

78 × 67 = ☐☐☐☐
☐ × ☐ = ☐ 验

43 × 96 = ☐☐☐☐
☐ × ☐ = ☐ 验

52 × 62 = ☐☐☐☐
☐ × ☐ = ☐ 验

15 × 51 = ☐☐☐
☐ × ☐ = ☐ 验

90 × 33 = ☐☐☐☐
☐ × ☐ = ☐ 验

87 × 67 = ☐☐☐☐
☐ × ☐ = ☐ 验

= 养成用快准验算方法进行验算的好习惯。

× 练习题 ✓ 　　　　　　计时 ⏱ [　　　　　] 秒

$55 \times 66 =$ ☐☐☐☐ 　　$54 \times 70 =$ ☐☐☐☐

$45 \times 56 =$ ☐☐☐☐ 　　$64 \times 51 =$ ☐☐☐☐

$38 \times 73 =$ ☐☐☐☐ 　　$82 \times 61 =$ ☐☐☐☐

$47 \times 83 =$ ☐☐☐☐ 　　$76 \times 26 =$ ☐☐☐☐

$98 \times 76 =$ ☐☐☐☐ 　　$54 \times 77 =$ ☐☐☐☐

$20 \times 39 =$ ☐☐☐☐ 　　$16 \times 13 =$ ☐☐☐

$27 \times 24 =$ ☐☐☐ 　　$72 \times 64 =$ ☐☐☐☐

$68 \times 78 =$ ☐☐☐☐ 　　$34 \times 69 =$ ☐☐☐☐

$83 \times 41 =$ ☐☐☐☐ 　　$68 \times 37 =$ ☐☐☐☐

$92 \times 46 =$ ☐☐☐☐ 　　$85 \times 59 =$ ☐☐☐☐

$47 \times 94 =$ ☐☐☐☐ 　　$52 \times 63 =$ ☐☐☐☐

$61 \times 29 =$ ☐☐☐☐ 　　$34 \times 89 =$ ☐☐☐☐

$48 \times 83 =$ ☐☐☐☐ 　　$53 \times 25 =$ ☐☐☐☐

$15 \times 14 =$ ☐☐☐ 　　$32 \times 44 =$ ☐☐☐☐

$75 \times 86 =$ ☐☐☐☐ 　　$63 \times 31 =$ ☐☐☐☐

$88 \times 66 =$ ☐☐☐☐ 　　$36 \times 83 =$ ☐☐☐☐

$49 \times 52 =$ ☐☐☐☐ 　　$97 \times 28 =$ ☐☐☐☐

$28 \times 63 =$ ☐☐☐☐ 　　$57 \times 72 =$ ☐☐☐☐

$35 \times 89 =$ ☐☐☐☐ 　　$32 \times 95 =$ ☐☐☐☐

$37 \times 21 =$ ☐☐☐ 　　$88 \times 48 =$ ☐☐☐☐

≡ 40 题准确率 100%，且用时在 160 秒以内者为优秀。

规则与术语　三位数乘两位数

（1）取前因数的右1数乘后因数的右1数之积作为积的右1数，若大于9则进位。

（2）取前因数各位数自右至左与后因数形成内外对数，并依次取其对数积之和，若前一步有进位数，则再加上进位数之和（若大于9则进位）作为积的中间数。

（3）取前因数的左1数乘后因数的左1数之积，若前一步有进位数，则再加上进位数之和作为积的左1数。

【例❶

$$753 \quad \times \quad 57 \quad = \quad 42921$$

第1步：取式中 753×57 前因数的右1数"3"乘后因数的右1数"7"之积作为积的右1数，若大于9则进位。

$$753 \quad \times \quad 57 \quad = \quad 42921$$

$$3 \times 7 = 21$$

第2步：将式中 753×57 前因数的"53"与后因数"57"组成内外对数，取内部对数"3"和"5"相乘，再加上外部对数"5"和"7"相乘，若前一步有进位数则加上进位数之和作为积的中间数，若大于9则进位。

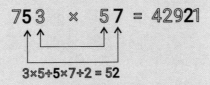

$$3 \times 5 + 5 \times 7 + 2 = 52$$

第**3**步：将式中 753×57 前因数的"75"与后因数"57"组成内外对数，取内部对数"5"和"5"相乘，再加上外部对数"7"和"7"相乘，若前一步有进位数则加上进位数之和作为积的中间数，若大于 9 则进位。

$$7\,5\,3 \times 5\,7 = 42921$$

5×5+7×7+5 = 79

第**4**步：取式中 753×57 前因数的左 1 数"7"乘后因数的左 1 数"5"之积，若前一步有进位数则加上进位数之和作为积的左 1 数和中间数。

$$753 \times 57 = 42921$$

7×5+7 = 42

快准验算方法 ●●●

（1）借用第二节表述并通用的乘法快准验算方法。

（2）举例。

例❷

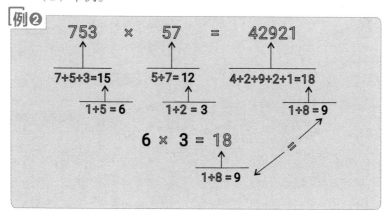

753 × 57 = 42921

7+5+3=15 　5+7= 12 　4+2+9+2+1=18

1+5 = 6 　1+2 = 3 　1+8 = 9

6 × 3 = 18

1+8 = 9

✕ 练习题 ✓

247 × 76 = ☐☐☐☐☐

☐ × ☐ = ☐ 验

74 × 476 = ☐☐☐☐☐

☐ × ☐ = ☐ 验

482 × 21 = ☐☐☐☐☐

☐ × ☐ = ☐ 验

82 × 831 = ☐☐☐☐☐

☐ × ☐ = ☐ 验

494 × 91 = ☐☐☐☐☐

☐ × ☐ = ☐ 验

34 × 238 = ☐☐☐☐

☐ × ☐ = ☐ 验

584 × 54 = ☐☐☐☐☐

☐ × ☐ = ☐ 验

33 × 494 = ☐☐☐☐☐

☐ × ☐ = ☐ 验

555 × 63 = ☐☐☐☐☐

☐ × ☐ = ☐ 验

78 × 908 = ☐☐☐☐☐

☐ × ☐ = ☐ 验

789 × 36 = ☐☐☐☐☐

☐ × ☐ = ☐ 验

43 × 226 = ☐☐☐☐

☐ × ☐ = ☐ 验

237 × 73 = ☐☐☐☐☐

☐ × ☐ = ☐ 验

52 × 643 = ☐☐☐☐☐

☐ × ☐ = ☐ 验

329 × 38 = ☐☐☐☐☐

☐ × ☐ = ☐ 验

15 × 652 = ☐☐☐☐

☐ × ☐ = ☐ 验

714 × 43 = ☐☐☐☐☐

☐ × ☐ = ☐ 验

90 × 321 = ☐☐☐☐☐

☐ × ☐ = ☐ 验

283 × 81 = ☐☐☐☐☐

☐ × ☐ = ☐ 验

87 × 657 = ☐☐☐☐☐

☐ × ☐ = ☐ 验

≡ 养成用快准验算方法进行验算的好习惯。

525 × 66 = _____

425 × 56 = _____

328 × 73 = _____

447 × 83 = _____

958 × 76 = _____

260 × 39 = _____

277 × 24 = _____

688 × 78 = _____

893 × 41 = _____

902 × 46 = _____

497 × 94 = _____

681 × 29 = _____

478 × 83 = _____

165 × 14 = _____

755 × 86 = _____

848 × 66 = _____

439 × 52 = _____

228 × 63 = _____

315 × 89 = _____

310 × 21 = _____

54 × 703 = _____

64 × 516 = _____

82 × 611 = _____

76 × 256 = _____

54 × 772 = _____

16 × 133 = _____

72 × 644 = _____

34 × 695 = _____

68 × 376 = _____

85 × 597 = _____

52 × 638 = _____

34 × 899 = _____

53 × 250 = _____

32 × 449 = _____

63 × 317 = _____

36 × 838 = _____

97 × 289 = _____

57 × 724 = _____

32 × 955 = _____

88 × 486 = _____

= 40 题准确率 100%，且用时在 260 秒以内者为优秀。

规则与术语　多位数乘两位数

（1）取前因数的右 1 数乘后因数的右 1 数之积作为积的右 1 数，若大于 9 则进位。

（2）取前因数各位数自右至左与后因数形成内外对数，并依次取其对数积之和，若前一步有进位数,则再加上进位数之和（若大于 9 则进位）作为积的中间数,此步重复前因数位数减 1 次。

（3）取前因数的左 1 数乘后因数的左 1 数之积，若前一步有进位数，则再加上进位数之和作为积的左 1 数。

例❶

$$953217 \times 65 = 61959105$$

第 **1** 步：取式中 953217×65 前因数的右 1 数"7"乘后因数的右 1 数"5"之积作为积的右 1 数，若大于 9 则进位。

$$953217 \times 65 = 61959105$$

$$7×5=35$$

第 **2** 步：将式中 953217×65 前因数的"17"与后因数"65"组成内外对数，取内部对数"7"和"6"相乘，再加上外部对数"1"和"5"相乘，若前一步有进位数则加上进位数之和作为积的中间数，若大于 9 则进位。

$$953217 \times 65 = 61959105$$

$$7×6+1×5+3=50$$

第**3**步：将式中 953217×65 前因数的"21"与后因数"65"组成内外对数，取内部对数"1"和"6"相乘，再加上外部对数"2"和"5"相乘，若前一步有进位数则加上进位数之和作为积的中间数，若大于 9 则进位。

953217 × 65= 61959105

1×6＋2×5＋5 = 21

第**4**步：将式中 953217×65 前因数的"32"与后因数"65"组成内外对数，取内部对数"2"和"6"相乘，再加上外部对数"3"和"5"相乘，若前一步有进位数则加上进位数之和作为积的中间数，若大于 9 则进位。

953217 × 65= 61959105

2×6＋3×5＋2 = 29

第**5**步：将式中 953217×65 前因数的"53"与后因数"65"组成内外对数，取内部对数"3"和"6"相乘，再加上外部对数"5"和"5"相乘，若前一步有进位数则加上进位数之和作为积的中间数，若大于 9 则进位。

953217 × 65 = 61959105

3×6＋5×5＋2 = 45

第**6**步：将式中953217×65前因数的"95"与后因数"65"组成内外对数，取内部对数"5"和"6"相乘，再加上外部对数"9"和"5"相乘，若前一步有进位数则加上进位数之和作为积的中间数，若大于9则进位。

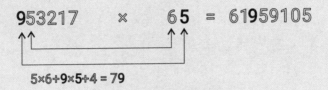

953217　×　6**5**　＝　61**9**59105

5×6+9×5+4 = 79

第**7**步：取式中953217×65前因数的左1数"9"乘后因数的左1数"6"之积，若前一步有进位数则加上进位数之和作为积的左1数和中间数。

953217　×　6**5**　＝　**61**959105

9×6+7 = 61

例❷

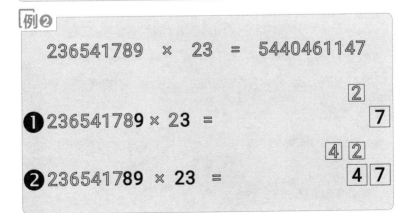

236541789　×　23　＝　5440461147

❶236541789 × 23 ＝ [2] [7]

❷236541789 × 23 ＝ [4][2] [4][7]

❸ 236541789×23=

$$\boxed{4}\boxed{4}\boxed{2}$$
$$\boxed{1}\boxed{4}\boxed{7}$$

❹ 236541789×23=

$$\boxed{2}\boxed{4}\boxed{4}\boxed{2}$$
$$\boxed{1}\boxed{1}\boxed{4}\boxed{7}$$

❺ 236541789×23=

$$\boxed{1}\boxed{2}\boxed{4}\boxed{4}\boxed{2}$$
$$\boxed{6}\boxed{1}\boxed{1}\boxed{4}\boxed{7}$$

❻ 236541789×23=

$$\boxed{2}\boxed{1}\boxed{2}\boxed{4}\boxed{4}\boxed{2}$$
$$\boxed{4}\boxed{6}\boxed{1}\boxed{1}\boxed{4}\boxed{7}$$

❼ 236541789×23=

$$\boxed{3}\boxed{2}\boxed{1}\boxed{2}\boxed{4}\boxed{4}\boxed{2}$$
$$\boxed{0}\boxed{4}\boxed{6}\boxed{1}\boxed{1}\boxed{4}\boxed{7}$$

❽ 236541789×23=

$$\boxed{2}\boxed{3}\boxed{2}\boxed{1}\boxed{2}\boxed{4}\boxed{4}\boxed{2}$$
$$\boxed{4}\boxed{0}\boxed{4}\boxed{6}\boxed{1}\boxed{1}\boxed{4}\boxed{7}$$

❾ 236541789×23=

$$\boxed{1}\boxed{2}\boxed{3}\boxed{2}\boxed{1}\boxed{2}\boxed{4}\boxed{4}\boxed{2}$$
$$\boxed{4}\boxed{4}\boxed{0}\boxed{4}\boxed{6}\boxed{1}\boxed{1}\boxed{4}\boxed{7}$$

❿ 236541789×23=

$$\boxed{1}\boxed{2}\boxed{3}\boxed{2}\boxed{1}\boxed{2}\boxed{4}\boxed{4}\boxed{2}$$
$$\boxed{5}\boxed{4}\boxed{4}\boxed{0}\boxed{4}\boxed{6}\boxed{1}\boxed{1}\boxed{4}\boxed{7}$$

$\boxed{\text{验算}}$

236541789×23=$\boxed{5}\boxed{4}\boxed{4}\boxed{0}\boxed{4}\boxed{6}\boxed{1}\boxed{1}\boxed{4}\boxed{7}$

前因数位和：2+3+6+5+4+1+7+8+9=45
　　　　　　4+5=**9**

后因数位和：2+3=**5**

积数位和：5+4+4+4+6+1+1+4+7=36
　　　　　3+6=**9**

前因数位和 × 后因数位和 ＝ 积数位和

✕ 练习题 ✓

8654 × 27 = □□□□□
（上方 □□□□□）

3356 × 77 = □□□□□
（上方 □□□□□）

56789 × 56 = □□□□□□□
（上方 □□□□□□）

10028 × 92 = □□□□□□
（上方 □□□□□）

236985 × 47 = □□□□□□□□
（上方 □□□□□□□）

5454123 × 73 = □□□□□□□□□
（上方 □□□□□□□□）

48365794 × 31 = □□□□□□□□□□
（上方 □□□□□□□□）

987654321 × 23 = □□□□□□□□□□□
（上方 □□□□□□□□□□）

1234567890 × 18 = □□□□□□□□□□□
（上方 □□□□□□□□□□）

☰ 养成从右至左记录答案的好习惯。

第六节
多位数乘三位数和快准验算

规则与术语 三位数乘三位数

（1）取前因数的右1数乘后因数的右1数之积作为积的右1数，若大于9则进位。

（2）将前因数的右1数与后因数的中间数组成内部对数并相乘，前因数的中间数与后因数的右1数组成外部对数并相乘，取两积之和，若前一步有进位数，则再加上进位数之和作为积的中间数，若大于9则进位。

（3）将前后因数外部、中间和内部对数相乘后，取三组对数的积并相加，若前一步有进位数，则再加上进位数之和作为积的中间数，若大于9则进位。

（4）将前因数的中间数与后因数的左1数组成内部对数并相乘，前因数的左1数与后因数的中间数组成外部对数并相乘，取两积之和，若前一步有进位数，则再加上进位数之和作为积的中间数，若大于9

则进位。

（5）取前因数的左 1 数乘后因数的左 1 数之积，若前一步有进位数，则再加上进位数之和作为积的左 1 数和中间数。

例❶

$$495 \quad \times \quad 237 \quad = \quad 117315$$

第 **1** 步：取式中 495×237 前因数的右 1 数"5"乘后因数的右 1 数"7"之积作为积的右 1 数，若大于 9 则进位。

$$495 \quad \times \quad 237 = 117315$$

5 × 7 = 35

第 **2** 步：将式中 495×237 前因数的右 1 数"5"与后因数的中间数"3"组成内部对数并相乘，再加上前因数的中间数"9"与后因数的右 1 数"7"组成的外部对数的积，若前一步有进位数则加上进位数之和作为积的中间数，若大于 9 则进位。

$$495 \quad \times \quad 237 \quad = \quad 117315$$

9×7+5×3+3 = 81

第 **3** 步：将式中 495×237 前后因数组成的外部、中间和内部对数之积相加,若前一步有进位数则加上进位数之和作为积的中间数,若大于 9 则进位。

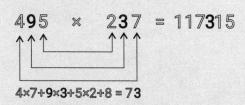

第 **4** 步：将式中 495×237 前因数的中间数"9"与后因数的左 1 数"2"组成内部对数并相乘，再加上前因数的左 1 数"4"与后因数的中间数"3"组成的外部对数的积，若前一步有进位数则加上进位数之和作为积的中间数，若大于 9 则进位。

$$495 \quad \times \quad 237 = 117315$$

4×3+9×2+7 = 37

第 **5** 步：取式中 495×237 前因数的左 1 数"4"乘后因数的左 1 数"2"之积，若前一步有进位数，则再加上进位数作为积的左 1 数和中间数。

$$495 \quad \times \quad 237 = 117315$$

4 × 2+3 =11

例❷

555 × 666 = 369630

❶ 555 × 666 =
3
0

❷ 555 × 666 =
6 3
3 0

❸ 555 × 666 =
9 6 3
6 3 0

❹ 555 × 666 =
6 9 6 3
9 6 3 0

❺ 555 × 666 =
6 9 6 3
3 6 9 6 3 0

验算

前因数位和 × 后因数位和 = 积数位和

× 练习题 ✓

$824 \times 227 =$

$321 \times 123 =$

$561 \times 789 =$

$114 \times 120 =$

$775 \times 577 =$

$256 \times 512 =$

$986 \times 101 =$

$582 \times 707 =$

$996 \times 110 =$

$372 \times 884 =$

= 养成从右至左记录答案的好习惯。

规则与术语　四位数乘三位数

（1）取前因数的右1数乘后因数的右1数之积作为积的右1数，若大于9则进位。

（2）将前因数的右1数与后因数的中间数组成内部对数并相乘，前因数的中间数与后因数的右1数组成外部对数并相乘，取两积之和，若前一步有进位数，则再加上进位数之和作为积的中间数，若大于9则进位。

（3）将前因数的左1数暂时屏蔽后，前后因数外部、中间和内部对数相乘后，取三组对数的积并相加，若前一步有进位数，则再加上进位数之和作为积的中间数，若大于9则进位。

（4）将前因数的右1数暂时屏蔽后，前后因数外部、中间和内部对数相乘后，取三组对数的积并相加，若前一步有进位数，则再加上进位数之和作为积的中间数，若大于9则进位。

（5）将前因数靠近左1数的中间数与后因数的左1数组成内部对数并相乘，前因数的左1数与后因数的中间数组成外部对数并相乘，取两积之和，若前一步有进位数，则再加上进位数之和作为积的中间数，若大于9则进位。

（6）取前因数的左1数乘后因数的左1数之积，若前一步有进位数，则再加上进位数之和作为积的左1数和中间数。

[例❶]

$$4257 \quad \times \quad 214 \quad = \quad 910998$$

第**1**步：取式中 4257×214 前因数的右 1 数"7"乘后因数的右 1 数"4"之积作为积的右 1 数，若大于 9 则进位。

$$4257 \quad \times \quad 214 \quad = \quad 910998$$

$$7 \times 4 = 28$$

第**2**步：将式中 4257×214 前因数的右 1 数"7"与后因数的中间数"1"组成内部对数并相乘，再加上前因数靠右 1 数的中间数"5"与后因数的右 1 数"4"组成的外部对数的积，若前一步有进位数则加上进位数之和作为积的中间数，若大于 9 则进位。

$$4257 \quad \times \quad 214 = 910998$$

$$5 \times 4 + 7 \times 1 + 2 = 29$$

第**3**步：将式中 4257×214 前因数的左 1 数"4"暂时屏蔽（不参与此步计算）后，与后因数组成的外部、中间和内部对数之积相加，若前一步有进位数则加上进位数之和作为积的中间数，若大于 9 则进位。

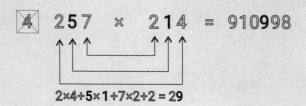

$$2 \times 4 + 5 \times 1 + 7 \times 2 + 2 = 29$$

第**4**步：将式中 4257×214 前因数的右1数"7"暂时屏蔽（不参与此步计算）后，前后因数组成的外部、中间和内部对数之积相加，若前一步有进位数则加上进位数之和作为积的中间数，若大于9则进位。

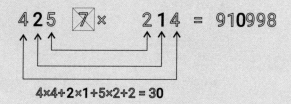

4×4＋2×1＋5×2＋2 = 30

第**5**步：将式中 4257×214 前因数的左1数"4"与后因数的中间数"1"组成外部对数并相乘，再加上前因数靠左1数的中间数"2"与后因数的左1数"2"组成的内部对数的积，若前一步有进位数则加上进位数之和作为积的中间数，若大于9则进位。

4257　×　214　=　910998

4×1＋2×2＋3 = 11

第**6**步：取式中 4257×214 前因数的左1数"4"乘后因数的右1数"2"之积，若前一步有进位数，则再加上进位数之和作为积的左1数。

4257　×　214　=　910998

4×2＋1 = 9

例❷

$$3742 \times 118 = 441556$$

❶ $3742 \times 118 =$ $\boxed{1}$ $\boxed{6}$

❷ $3742 \times 118 =$ $\boxed{3}\boxed{1}$ $\boxed{5}\boxed{6}$

❸ $3742 \times 118 =$ $\boxed{6}\boxed{3}\boxed{1}$ $\boxed{5}\boxed{5}\boxed{6}$

❹ $3742 \times 118 =$ $\boxed{4}\boxed{6}\boxed{3}\boxed{1}$ $\boxed{1}\boxed{5}\boxed{5}\boxed{6}$

❺ $3742 \times 118 =$ $\boxed{1}\boxed{4}\boxed{6}\boxed{3}\boxed{1}$ $\boxed{4}\boxed{1}\boxed{5}\boxed{5}\boxed{6}$

❻ $3742 \times 118 =$ $\boxed{1}\boxed{4}\boxed{6}\boxed{3}\boxed{1}$ $\boxed{4}\boxed{4}\boxed{1}\boxed{5}\boxed{5}\boxed{6}$

验算

前因数位和 × 后因数位和 = 积数位和

$$3742 \times 118 = 441556$$

$3+7+4+2 = 16$ $1+1+8 = 10$ $4+4+1+5+5+6 = 25$

$1+6=7$ $1+0=1$ $2+5=7$

$$7 \times 1 = 7$$

× 练习题 ✓

$8254 × 227 =$

$3721 × 123 =$

$5618 × 789 =$

$5114 × 120 =$

$775 × 5677 =$

$256 × 5102 =$

$986 × 1001 =$

$5862 × 707 =$

$996 × 1810 =$

$3742 × 884 =$

= 养成从右至左记录答案的好习惯。

规则与术语　多位数乘三位数

（1）将前因数的右1数乘后因数的右1数之积作为积的右1数，若大于9则进位。

（2）将前因数的右1数与后因数的中间数组成内部对数并相乘，前因数的中间数与后因数的右1数组成外部对数并相乘，取两积之和，若前一步有进位数，则再加上进位数之和作为积的中间数，若大于9则进位。

（3）将前因数自右1数起向左依次选三位数，其余前因数暂时屏蔽，组成前后因数外部、中间和内部对数，取三组对数的积并相加，若前一步有进位数，则再加上进位数之和作为积的中间数，若大于9则进位。

（4）将前因数在前一步基础上自右向左移动1位数，依次选三位数，其余前因数暂时屏蔽，组成前后因数外部、中间和内部对数，取三组对数的积并相加，若前一步有进位数，则再加上进位数之和作为积的中间数，若大于9则进位，根据前因数位数不同重复此步计算，直至前因数自左向右数不足三位数时，执行第5步。

（5）将前因数靠近左1数的中间数与后因数的左1数组成内部对数并相乘，前因数的左1数与后因数的中间数组成外部对数并相乘，取两积之和，若前一步有进位数，则再加上进位数之和作为积的中间数，若大于9则进位。

（6）取前因数的左1数乘后因数的左1数之积，若前一步有进位数，则再加上进位数之和作为积的左1数和中间数。

例❶

467921 ✕ 353 = 165176113

第 1 步：取式中 467921×353 前因数的右 1 数"1"乘后因数的右 1 数"3"之积作为积的右 1 数，若大于 9 则进位。

467921 ✕ 353 = 165176113

1 × 3 = 3

第 2 步：将式中 467921×353 前因数的右 1 数"1"与后因数的中间数"5"组成内部对数并相乘，再加上前因数靠右 1 数的中间数"2"与后因数的右 1 数"3"组成的外部对数的积，若前一步有进位数则加上进位数之和作为积的中间数，若大于 9 则进位。

467921 ✕ 353 = 165176113

2×3＋1×5 = 11

第 3 步：将式中 467921×353 前因数自右 1 数"1"起向左取三位数，其余数暂时屏蔽（不参与此步计算）后，与后因数组成的外部、中间和内部对数之积相加，若前一步有进位数则加上进位数之和作为积的中间数，若大于 9 则进位。

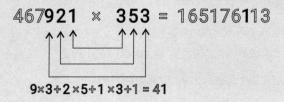

9×3＋2×5＋1×3＋1 = 41

第 **4** 步：将式中 467921×353 前因数自右向左移动 1 位数依次取三位数，从"2"开始，取"792"其余数暂时屏蔽（不参与此步计算），与后因数组成的外部、中间和内部对数之积相加，若前一步有进位数则加上进位数之和作为积的中间数，若大于 9 则进位。

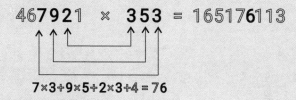

第 **5** 步：将式中 467921×353 前因数自右向左移动 2 位数依次取三位数，从"9"开始取"679"，其余数暂时屏蔽（不参与此步计算），与后因数组成的外部、中间和内部对数之积相加，若前一步有进位数则加上进位数之和作为积的中间数，若大于 9 则进位。

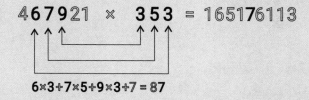

第 **6** 步：将式中 467921×353 前因数自右向左移动 3 位数依次取三位数，从"7"开始取"467"，其余数暂时屏蔽（不参与此步计算），与后因数组成的外部、中间和内部对数之积相加，

若前一步有进位数则加上进位数之和作为积的中间数，若大于 9
则进位。

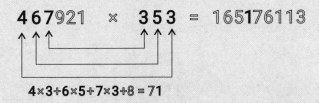

$$4 \times 3 + 6 \times 5 + 7 \times 3 + 8 = 71$$

第 **7** 步：将式中 467921×353 前因数的左 1 数 "4" 与后
因数的中间数 "5" 组成外部对数并相乘，再加上前因数靠近左 1
数的中间数 "6" 与后因数的左 1 数 "3" 组成的内部对数的积，
若前一步有进位数则加上进位数之和作为积的中间数，若大于 9
则进位。

$$467921 \quad \times \quad 353 = 165176113$$

$$4 \times 5 + 6 \times 3 + 7 = 45$$

第 **8** 步：取式中 467921×353 前因数的左 1 数 "4" 乘后因数
的左 1 数 "3" 之积，若前一步有进位数则加上进位数之和作为积的
左 1 数和中间数。

$$467921 \quad \times \quad 353 = 165176113$$

$$4 \times 3 + 4 = 16$$

例❷

1827436 × 474 = 866204664

❶ 1827436×474 = [2] [4]

❷ 1827436×474 = [5][2] [6][4]

❸ 1827436 × 474 = [6][5][2] [6][6][4]

❹ 1827436×474 = [7][6][5][2] [4][6][6][4]

❺ 1827436×474 = [8][7][6][5][2] [0][4][6][6][4]

❻ 1827436 × 474 = [8][8][7][6][5][2] [2][0][4][6][6][4]

❼ 1827436 × 474 = [7][8][8][7][6][5][2] [6][2][0][4][6][6][4]

❽ 1827436 × 474 = [4][7][8][8][7][6][5][2] [6][6][2][0][4][6][6][4]

❾ 1827436 × 474 = [4][7][8][8][7][6][5][2] [8][6][6][2][0][4][6][6][4]

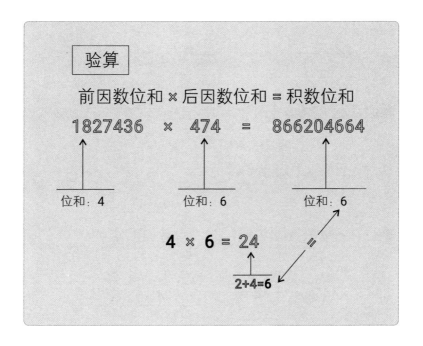

× 练习题 ✓

82754 × 227 =

370201 × 523 =

516218 × 789 =

515154 × 320 =

274765 × 567 =

2152680 × 202 =

9785406 × 101 =

36115862 × 707 =

90906011 × 110 =

113072402 × 184 =

= 养成从右至左记录答案的好习惯。

第七节

多位数乘四位数和快准验算

规则与术语　四位数乘四位数

（1）取前因数的右1数乘后因数的右1数之积作为积的右1数，若大于9则进位。

（2）将前因数的右1数与后因数靠近右1数的中间数组成内部对数并相乘，前因数靠近右1数的中间数与后因数的右1数组成外部对数并相乘，取两积之和，若前一步有进位数，则再加上进位数之和作为积的中间数，若大于9则进位。

（3）将前后因数自右1数起向左依次各选三位数，其余前后因数暂时屏蔽，组成前后因数外部、中间和内部对数，取三组对数的积并相加，若前一步有进位数，则再加上进位数之和作为积的中间数，若大于9则进位。

（4）将前后因数分别组成前后因数内外部对数和两个中间对数，取四组对数的积并相加，若前一步有进位数，则再加上进位数之和作为积的中间数，若大于 9 则进位。

（5）将前后因数在前一步基础上自右向左移动 1 位数，依次选三位数，其余前因数暂时屏蔽，组成前后因数外部、中间和内部对数，取三组对数的积并相加，若前一步有进位数，则再加上进位数之和作为积的中间数，若大于 9 则进位。

（6）将前后因数在前一步基础上自右向左移动 2 位数，依次选两位数，其余前因数暂时屏蔽，组成前后因数内外对数，取两组对数的积并相加，若前一步有进位数，则再加上进位数之和作为积的中间数，若大于 9 则进位。

（7）取前因数的左 1 数乘后因数的左 1 数之积，若前一步有进位数，则再加上进位数之和作为积的左 1 数和中间数。

例❶

$$3417 \quad \times \quad 4215 \quad = \quad 14402655$$

第 **1** 步：将式中 3417×4215 前因数的右 1 数 "7" 乘后因数的右 1 数 "5" 之积作为积的右 1 数，若大于 9 则进位。

$$3417 \quad \times \quad 4215 \quad = \quad 14402655$$

$$7 \times 5 = 35$$

第 **2** 步：将式中 3417×4215 前因数的右 1 数 "7" 与后因数的中间数 "1" 组成内部对数并相乘，再加上前因数的中间数 "1" 与后因数的右 1 数 "5" 组成外部对数的积，若前一步有进位数则加上进位数之和作为积的中间数，若大于 9 则进位。

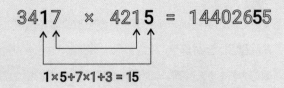

第 **3** 步：将式中 3417×4215 前因数自右 1 数 "7" 起，后因数自右 1 数 "5" 起向左各取三位数，其余数暂时屏蔽（不参与此步计算）后，取外部、中间和内部对数之积相加，若前一步有进位数则加上进位数之和作为积的中间数，若大于 9 则进位。

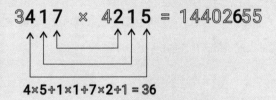

第 **4** 步：将式中 3417×4215 前后因数分别取外部、中间（两组中间对数）和内部对数之积相加，若前一步有进位数则加上进位数之和作为积的中间数，若大于 9 则进位。

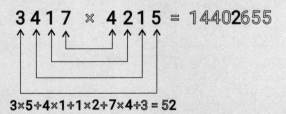

第 **5** 步：将式中 3417×4215 前后因数自右向左移动 1 位数依次取三位数，前因数从 "1" 开始，取 "341"，后因数从 "1" 开始，

取"421"，其余数暂时屏蔽（不参与此步计算），取外部、中间和内部对数之积相加，若前一步有进位数则加上进位数之和作为积的中间数，若大于9则进位。

$$3417 \times 4215 = 14402655$$

$$3×1+4×2+1×4+5 = 20$$

第**6**步：将式中 3417×4215 前因数自右向左移动2位数依次取两位数，前因数从"4"开始，取"34"，后因数从"2"开始，取"42"，其余数暂时屏蔽（不参与此步计算），取内部和外部对数之积相加,若前一步有进位数则加上进位数之和作为积的中间数，若大于9则进位。

$$3417 \times 4215 = 14402655$$

$$3×2+4×4+2 = 24$$

第**7**步：取式中 3417×4215 前因数的左1数"3"乘后因数的左1数"4"之积，若前一步有进位数则加上进位数之和作为积的左1数和中间数。

$$3417 \times 4215 = 14402655$$

$$3×4+2 = 14$$

例❷

1024 ✕ 2048 ＝ 2097152

❶ 1024 ✕ 2048 ＝   ③
     ②

❷ 1024 ✕ 2048 ＝   ③③
    ⑤②

❸ 1024 ✕ 2048 ＝ ①③③
   ①⑤②

❹ 1024 ✕ 2048 ＝ ①①③③
⑦①⑤②

❺ 1024 ✕ 2048 ＝ ⓪①①③③
⑨⑦①⑤②

❻ 1024 ✕ 2048 ＝ ⓪⓪①①③③
⓪⑨⑦①⑤②

❼ 1024 ✕ 2048 ＝ ⓪⓪①①③③
②⓪⑨⑦①⑤②

验算

前因数位和 ✕ 后因数位和 ＝ 积数位和

✕ 练习题 ✓

$8754 \times 2027 =$

$3201 \times 5123 =$

$5118 \times 7189 =$

$5124 \times 3420 =$

$4765 \times 6625 =$

$1560 \times 2002 =$

$9006 \times 1401 =$

$3611 \times 7070 =$

$9090 \times 8510 =$

$7402 \times 7684 =$

━ 养成从右至左记录答案的好习惯。

规则与术语　多位数乘四位数

（1）取前因数的右 1 数乘后因数的右 1 数之积作为积的右 1 数，若大于 9 则进位。

（2）将前因数的右 1 数与后因数的中间数组成内部对数并相乘，前因数的中间数与后因数的右 1 数组成外部对数并相乘，取两积之和，若前一步有进位数，则再加上进位数之和作为积的中间数，若大于 9 则进位。

（3）将前后因数自右 1 数起向左依次各选三位数，其余前后因数暂时屏蔽，组成前后因数外部、中间和内部对数，取三组对数的积并相加，若前一步有进位数，则再加上进位数之和作为积的中间数，若大于 9 则进位。

（4）将前后因数自右 1 数起向左依次各选四位数，其余前因数暂时屏蔽，组成前后因数外部、中间（两组中间对数）和内部对数，取四组对数的积并相加，若前一步有进位数，则再加上进位数之和作为积的中间数，若大于 9 则进位。

（5）将前因数在前一步基础上自右向左移动 1 位数，依次选四位数，其余前因数暂时屏蔽，组成前后因数外部、中间（两组中间对数）和内部对数，取四组对数的积并相加，若前一步有进位数，则再加上进位数之和作为积的中间数，若大于 9 则进位。根据前因数位数不同重复此步计算，直至前因数自左向右数不足四位数时，执行第 6 步。

（6）将前因数靠近左 1 数的中间数与后因数的左 1 数组成内部对数并相乘，前因数的左 1 数与后因数靠近左 1 数的中间数组成外部对数并相乘，取两积之和，若前一步有进位数，则再加上进位数之和作为积的中间数，若大于 9 则进位。

（7）取前因数的左 1 数乘后因数的左 1 数之积，若前一步有进位数，则再加上进位数之和作为积的左 1 数和中间数。

例❶

$$33267412 \times 2763 = 91917859356$$

第 **1** 步：将式中 33267412×2763 前因数的右 1 数"2"乘后因数的右 1 数"3"之积作为积的右 1 数，若大于 9 则进位。

$$332674\mathbf{2} \times 276\mathbf{3} = 9191785935\mathbf{6}$$

$$2 \times 3 = 6$$

第 **2** 步：将式中 33267412×2763 前因数的右 1 数"2"与后因数的中间数"6"组成内部对数并相乘，再加上前因数的中间数"1"与后因数的右 1 数"3"组成外部对数的积，若前一步有进位数则加上进位数之和作为积的中间数，若大于 9 则进位。

$$33267\mathbf{12} \times 276\mathbf{3} = 919178593\mathbf{56}$$

$$1 \times 3 + 2 \times 6 = 15$$

第 **3** 步：将式中 33267412×2763 前因数自右 1 数"2"，后因数自右 1 数"3"起向左依次各取三位数，其余数暂时屏蔽（不参与此步计算）后，取外部、中间和内部对数之积相加，若前一步有进位数则加上进位数之和作为积的中间数，若大于 9 则进位。

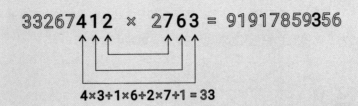

第 **4** 步：将式中 33267412×2763 前因数自右 1 数"2"起向左取四位数"7412"，其余前因数暂时屏蔽（不参与此步计算），与后因数分别组成的内部、中间（两组中间对数）和外部对数之积相加，若前一步有进位数则加上进位数之和作为积的中间数，若大于 9 则进位。

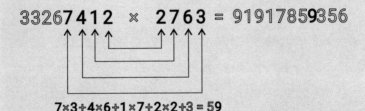

第 **5** 步：将式中 33267412×2763 前因数自中间数"1"起向左取四位数"6741"，其余前因数暂时屏蔽（不参与此步计算），与后因数分别组成的内部、中间（两组中间对数）和外部对数之积相加，若前一步有进位数则加上进位数之和作为积的中间数，若大于 9 则进位。

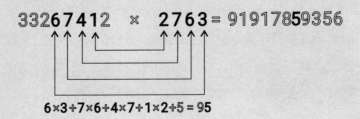

第**6**步：将式中33267412×2763前因数自中间数"4"起向左取四位数"2674"，其余前因数暂时屏蔽（不参与此步计算），与后因数分别组成的内部、中间（两组中间对数）和外部对数之积相加，若前一步有进位数则加上进位数之和作为积的中间数，若大于9则进位。

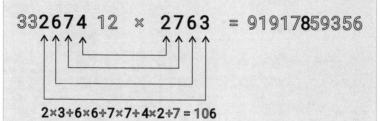

2×3+6×6+7×7+4×2+7 = 106

第**7**步：将式中33267412×2763前因数自中间数"7"起向左依次取四位数"3267"，其余前因数暂时屏蔽（不参与此步计算），与后因数分别组成的外部、中间（两组中间对数）和内部对数之积相加，若前一步有进位数则加上进位数之和作为积的中间数，若大于9则进位。

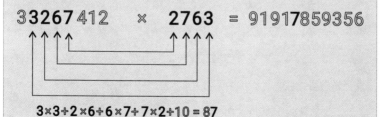

3×3+2×6+6×7+7×2+10 = 87

第**8**步：将式中33267412×2763前因数自中间数"6"起向左依次取四位数"3326"，其余前因数暂时屏蔽（不参与此步计算），与后因数分别组成的外部、中间（两组中间对数）和内部对数之积相加，若前一步有进位数则加上进位数之和作为积的中间数，若大于9则进位。

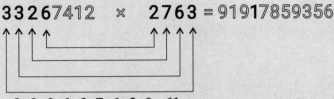

$3×3+3×6+2×7+6×2+8 = 61$

第 **9** 步：将式中33267412×2763前后因数自左向右依次各取三位数，前因数取"332"，后因数取"276"，其余数暂时屏蔽（不参与此步计算），取外部、中间和内部对数之积相加，若前一步有进位数则加上进位数之和作为积的中间数，若大于9则进位。

$3×6+3×7+2×2+6 = 49$

第 **10** 步：将式中33267412×2763前后因数自左向右依次取两位数，前因数取"33"，后因数取"27"，其余数暂时屏蔽（不参与此步计算），取外部和内部对数之积相加，若前一步有进位数则加上进位数之和作为积的中间数，若大于9则进位。

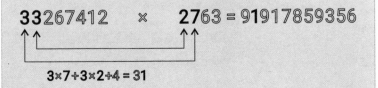

$3×7+3×2+4 = 31$

第 **11** 步：将式中 33267412×2763 前因数的左 1 数"3"乘后因数的左 1 数"2"之积，若前一步有进位数则加上进位数之和作为积的左 1 数。

33267412　　×　　**2**763 = **9**1917859356

3 × 2 ÷ 3 = 9

例❷

1120485　×　2048 = 2294753280

❶ 1120485×2048 = | 4 |
| 0 |

❷ 1120485×2048 = | 8 | 3 |
| 8 | 0 |

❸ 1120485×2048 = | 7 | 8 | 3 |
| 2 | 8 | 0 |

❹ 1120485×2048 = | 3 | 7 | 8 | 3 |
| 3 | 2 | 8 | 0 |

❺ 1120485×2048 = | 3 | 3 | 7 | 8 | 3 |
| 5 | 3 | 2 | 8 | 0 |

❻ 1120485×2048 = | 2 | 3 | 3 | 7 | 8 | 3 |
| 7 | 5 | 3 | 2 | 8 | 0 |

❼ 1120485×2048 = | 1 | 2 | 3 | 3 | 7 | 8 | 3 |
| 4 | 7 | 5 | 3 | 2 | 8 | 0 |

❽ 1120485 × 2048 =

0	1	2	3	3	7	8	3
	9	4	7	5	3	2	8	0

❾ 1120485 × 2048

	0	0	1	2	3	3	7	8	3
=		2	9	4	7	5	3	2	8	0

❿ 1120485 × 2048

	0	0	1	2	3	3	7	8	3
=	2	2	9	4	7	5	3	2	8	0

✗ 练习题 ✓

87054 × 2027 =

31201 × 5123 =

521018 × 7189 =

515214 × 3420 =

4072615 × 6625 =

1152620 × 2002 =

21901106 × 1401 =

32601251 × 7070 =

415931090 × 2510=

307104502 ×2684=

= 养成从右至左记录答案的好习惯。

第八节

多位数乘多位数和快准验算

规则与术语

（1）判断前后因数的位数，若后因数位数多于前因数的位数，则将前后因数进行置换（便于前多后少的计算习惯），取前因数的右1数乘后因数的右1数之积作为积的右1数，若大于9则进位。

（2）将前后因数自右1数起向左依次选两位数，其余前后因数暂时屏蔽，组成前后因数内部和外部对数，取两组对数的积并相加，若前一步有进位数，则再加上进位数之和作为积的中间数，若大于9则进位。

（3）将前后因数自右1数起向左依次选三位数，其余前后因数暂时屏蔽，组成前后因数外部、中间和内部对数，取三组对数的积并相加，若前一步有进位数，则再加上进位数之和作为积的中间数，若大于9则进位。

（4）将前后因数自右1数起向左依次选四位数，其余前后因数暂时屏蔽，组成前后因数外部、中间（两组中间对数）和内部对数，取四组对数的积并相加，若前一步有进位数，则再加上进位数之和作为积的中间数，若大于9则进位。重复此步计算方法，直至选取位数与后因数位数相等后，执行下一步计算。

（5）将前因数在前一步基础上自右向左移动1位数，依次选取与后因数位数一样的位数，其余前因数暂时屏蔽，组成前后因数外部、中间和内部对数，取多组对数的积并相加，若前一步有进位数，则再加上进位数之和作为积的中间数，若大于9则进位。根据前因数位数不同重复此步计算，直至前因数自左向右数选取等于后因数位数时，执行下一步计算。

（6）将前后因数自右向左移动1位，依次选取与后因数位数减1的位数，其余前后因数暂时屏蔽，组成前后因数外部、中间和内部对数，取多组对数的积并相加，若前一步有进位数，则再加上进位数之和作为积的中间数，若大于9则进位。重复此步运算。

（7）取前因数的左1数乘后因数的左1数之积，若前一步有进位数，则再加上进位数之和作为积的左1数和中间数。

例❶

315415 ✕ 534323 = 168533489045

第 **1** 步：将式中 315415×534323 前因数的右 1 数 "5" 乘后因数的右 1 数 "3" 之积作为积的右 1 数，若大于 9 则进位。

31541**5** ✕ 53432**3**=16853348904**5**

5 × 3 = 15

第 **2** 步：将式中 315415×534323 前后因数自右 1 数起向左各选两位数组成外部和内部对数相乘，取两组对数的积相加，若前一步有进位数则加上进位数之和作为积的中间数，若大于 9 则进位。

3154**15** ✕ 5343**23** = 1685334890**45**

1×3+5×2+1 = 14

第 **3** 步：将式中 315415×534323 前后因数自右 1 数起向左各选三位数组成外部、中间和内部对数相乘，取三组对数的积相加，若前一步有进位数则加上进位数之和作为积的中间数，若大于 9 则进位。

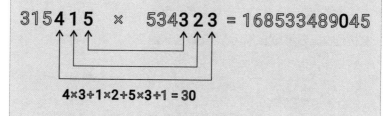

4×3+1×2+5×3+1 = 30

第 **4** 步：将式中 315415×534323 前后因数自右 1 数起向左各选四位数组成外部、中间（两组中间对数）和内部对数并相乘，取四组对数的积相加，若前一步有进位数则加上进位数之和作为积的中间数，若大于 9 则进位。

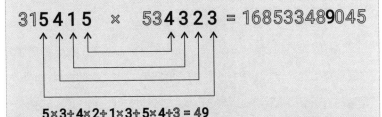

$$5×3+4×2+1×3+5×4+3 = 49$$

第 **5** 步：将式中 315415×534323 前后因数自右 1 数起向左各选五位数组成外部、中间（三组中间对数）和内部对数并相乘，取五组对数的积相加，若前一步有进位数则加上进位数之和作为积的中间数，若大于 9 则进位。

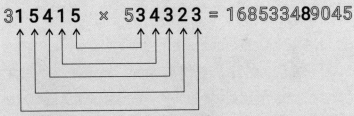

$$1×3+5×2+4×3+1×4+5×3+4 = 48$$

第 **6** 步：将式中 315415×534323 前后因数自右 1 数起向左各选六位数组成外部、中间（四组中间对数）和内部对数并相乘，取六组对数的积相加，若前一步有进位数则加上进位数之和作为积的中间数，若大于 9 则进位。

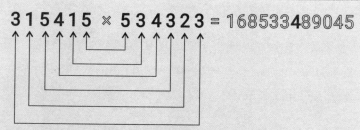

$3×3＋1×2＋5×3＋4×4＋1×3＋5×5＋4 = 74$

第 **7** 步：将式中 315415×534323 前后因数右 1 数屏蔽，其余五位数组成外部、中间（三组中间对数）和内部对数并相乘，取五组对数的积相加，若前一步有进位数则加上进位数之和作为积的中间数，若大于 9 则进位。

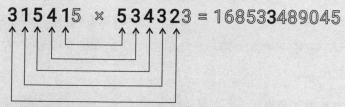

$3×2＋1×3＋5×4＋4×3＋1×5＋7 = 53$

第 **8** 步：将式中 315415×534323 前后因数自右 1 数起向左各屏蔽两位数，其余四位数组成外部、中间（两组中间对数）和内部对数相乘，取四组对数的积相加，若前一步有进位数则加上进位数之和作为积的中间数，若大于 9 则进位。

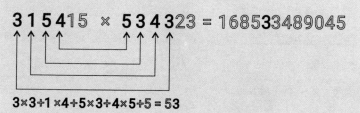

$3×3＋1×4＋5×3＋4×5＋5 = 53$

第 **9** 步：将式中 315415×534323 前后因数自右 1 数起向左屏蔽三位数，其余三位数组成内部、中间和外部对数并相乘，取三组对数的积，若前一步有进位数则加上进位数之和作为积的中间数，若大于 9 则进位。

315415 × **534**323=168**533489**045

3×4＋1×3＋5×5＋5 = 45

第 **10** 步：将式中 315415×534323 前后因数自右 1 数起向左屏蔽四位数，其余两位数组成内部和外部对数并相乘，取两组对数的积，若前一步有进位数则加上进位数之和作为积的中间数，若大于 9 则进位。

315415 × **53**4323=168**533489**045

3×3＋1×5＋4 = 18

第 **11** 步：取式中 315415×534323 前因数的左 1 数 "3" 乘后因数的左 1 数 "5" 之积，若前一步有进位数则加上进位数之和作为积的左 1 数和中间数。

315415 × **5**34323 =**16**8533489045

3×5＋1=16

例❷

102483 ✕ 204813 = 20989850679

❶ 102483✕204813 =
0
9

❷ 102483✕204813 =
2 0
7 9

❸ 102483✕204813 =
4 2 0
6 7 9

❹ 102483✕204813 =
9 4 2 0
0 6 7 9

❺ 102483✕204813 =
7 9 4 2 0
5 0 6 7 9

❻ 102483✕204813 =
4 7 9 4 2 0
8 5 0 6 7 9

❼ 102483✕204813 =
2 4 7 9 4 2 0
9 8 5 0 6 7 9

❽ 102483✕204813

=
1 2 4 7 9 4 2 0
8 9 8 5 0 6 7 9

❾ 102483✕204813

=
0 1 2 4 7 9 4 2 0
9 8 9 8 5 0 6 7 9

102

❿ 102483 × 204813

= ［0］［0］［1］［2］［4］［7］［9］［4］［2］［0］
　　［0］［9］［8］［9］［8］［5］［0］［6］［7］［9］

⓫ 102483 × 204813

　　［0］［0］［1］［2］［4］［7］［9］［4］［2］［0］
　　［2］［0］［9］［8］［9］［8］［5］［0］［6］［7］［9］
=

验算

前因数位和 × 后因数位和 = 积数位和

102483 × 204813 = 20989850679

前因数位和：1+0+2+4+8+3 = 18
　　　　　　　1+8 = 9

后因数位和：2+0+4+8+1+3 = 18
　　　　　　　1+8 = 9

9 × 9 = 81　　8+1 = 9

积数位和：2+0+9+8+9+8+5+0+6+7+9 = 63
　　　　　　6+3 = 9

✕ 练习题 ✓

87114 × 21027 =

⬜⬜⬜⬜⬜⬜⬜⬜
⬜⬜⬜⬜⬜⬜⬜⬜⬜

31201 × 51323 =

⬜⬜⬜⬜⬜⬜⬜⬜
⬜⬜⬜⬜⬜⬜⬜⬜⬜

521018 × 730189 =

⬜⬜⬜⬜⬜⬜⬜⬜⬜⬜⬜
⬜⬜⬜⬜⬜⬜⬜⬜⬜⬜⬜⬜

515214 × 349320 =

⬜⬜⬜⬜⬜⬜⬜⬜⬜⬜⬜
⬜⬜⬜⬜⬜⬜⬜⬜⬜⬜⬜⬜

402615 × 610625 =

⬜⬜⬜⬜⬜⬜⬜⬜⬜⬜⬜
⬜⬜⬜⬜⬜⬜⬜⬜⬜⬜⬜⬜

112620 × 203302 =

⬜⬜⬜⬜⬜⬜⬜⬜⬜⬜⬜
⬜⬜⬜⬜⬜⬜⬜⬜⬜⬜⬜

21901106 × 12401=

⬜⬜⬜⬜⬜⬜⬜⬜⬜⬜⬜⬜
⬜⬜⬜⬜⬜⬜⬜⬜⬜⬜⬜⬜⬜

32601251 × 71070

=
⬜⬜⬜⬜⬜⬜⬜⬜⬜⬜⬜⬜⬜
⬜⬜⬜⬜⬜⬜⬜⬜⬜⬜⬜⬜⬜⬜

41531090 × 252310

=
⬜⬜⬜⬜⬜⬜⬜⬜⬜⬜⬜⬜⬜
⬜⬜⬜⬜⬜⬜⬜⬜⬜⬜⬜⬜⬜⬜

═ 养成从右至左记录答案的好习惯。

✗ 练习题 ✓

56 × 11 =	28 × 11 =	34 × 11 =
45 × 12 =	79 × 12 =	64 × 12 =
226 × 3 =	208 × 3 =	734 × 3 =
286 × 4 =	729 × 4 =	654 × 4 =
866 × 5 =	278 × 5 =	804 × 5 =
246 × 6 =	331 × 6 =	454 × 6 =
266 × 7 =	711 × 7 =	547 × 7 =
426 × 8 =	228 × 8 =	234 × 8 =
264 × 9 =	721 × 9 =	551 × 9 =
15 × 24 =	17 × 19 =	21 × 18 =
14 × 33 =	98 × 17 =	89 × 45 =
16 × 54 =	77 × 33 =	27 × 67 =
73 × 80 =	28 × 61 =	76 × 53 =
58 × 56 =	49 × 36 =	90 × 18 =
88 × 48 =	21 × 19 =	29 × 17 =
15 × 14 =	93 × 71 =	39 × 74 =
38 × 96 =	72 × 40 =	65 × 67 =
36 × 66 =	73 × 68 =	30 × 59 =
95 × 93 =	25 × 35 =	53 × 52 =
63 × 69 =	77 × 48 =	57 × 51 =
25 × 52 =		

525 × 616 = 　　　584 × 703 = 　　　541 × 739 =

425 × 526 = 　　　674 × 516 = 　　　642 × 536 =

328 × 733 = 　　　862 × 611 = 　　　823 × 651 =

447 × 843 = 　　　756 × 256 = 　　　764 × 246 =

958 × 756 = 　　　544 × 772 = 　　　545 × 732 =

260 × 369 = 　　　136 × 133 = 　　　166 × 173 =

277 × 274 = 　　　722 × 644 = 　　　727 × 684 =

688 × 788 = 　　　314 × 695 = 　　　348 × 625 =

8953 × 43 = 　　　67 × 3076 = 　　　28 × 3746 =

9012 × 45 = 　　　89 × 5797 = 　　　35 × 5907 =

4917 × 9324 = 　　　　7869 × 2019 =

3335 × 1459 = 　　　　1945 × 1983 =

1008 × 2476 = 　　　　2008 × 2020 =

9981 × 3721 = 　　　　7541 × 3344 =

55515 × 9324 = 　　　78699 × 2019 =

90987 × 1459 = 　　　10203 × 1983 =

45678 × 23034 = 　　　88492 × 35354 =

996781 × 373821 = 　　754071 × 331404 =

443322 × 324354 = 　　908087 × 232425 =

273757 × 949596 = 　　210012 × 304050 =

$9965781 \times 3753821 =$

$4435322 \times 324354 =$

$2753757 \times 9459596 =$

$2314765 \times 3771789 =$

$4321562 \times 2568745 =$

$7634521 \times 5634532 =$

$47576789 \times 123456 =$

$54378671 \times 232145 =$

$56347311 \times 875672 =$

$35353434 \times 345678 =$

$55214 \times 653473114 =$

$6636542 \times 7132421 =$

$7540571 \times 3531404 =$

$9080587 \times 2532425 =$

$2105012 \times 3045050 =$

$5674981 \times 2009832 =$

$2546762 \times 1723412 =$

$9845762 \times 4312780 =$

$10112231 \times 202332 =$

$13452672 \times 108022 =$

$45892341 \times 335132 =$

$110110011 \times 20485 =$

$107383211 \times 67892 =$

$857432141 \times 54213 =$

$21872683888808753 \times 70094319 =$

$37318848 \times 94326521032055161743 =$

$218225590550753 \times 5005591325673 =$

$236578934223 \times 457680923 =$

$4325241956097723 \times 664134551 =$

$340013290456332456 \times 8956234156542 =$

$56725241983451192102 45687 \times 115431 =$

$44773121 \times 9210432 5340013002458211 =$

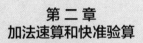

第 二 章
加法速算和快准验算

第一节

加法概念

　　加法是基本的四则运算之一，它是指将两个或者两个以上的数、量合起来，变成一个数、量的计算。表达加法的符号为加号"+"。进行加法时以加号将各项连接起来。任何数学定义都由加法而来，其实现代计算机（器）也是以加法计算为基础的，它是通过先将其他运算方式转换成简单的加法运算后进行计算的。

规则与术语

$$18 \quad + \quad 11 \quad + \quad 12 \quad = \quad 41$$
加数 1 加号 加数 2 加号 加数 3 等于号 和

加法交换律：

$$a+b+c \quad = \quad c+b+a$$

加法结合律：

$$a+b+c \quad = \quad a+(b+c)$$

第二节

两位数加法和快准验算

规则与术语　分裂凑整法

（1）先观察加法运算式子中哪个加数个位数更接近整十数。

（2）将另一个加数分裂成两个数，其中一个与前一加数个位数相加正好是一个整十数。

（3）再加上分裂出来的另一个数，就是运算结果（和）。

例❶

$$17 + 12 = 29$$

第 **1** 步：将式中 17+12 的加数 2 "12" 分裂成 3+9。

$$17 + \textbf{12} = 29$$

$$3 + 9 = \textbf{12}$$

第**2**步：用式中 17+12 的加数 1"17"先加第 1 步分裂好的"3"求和。

$$17 + 3 = 20$$

$$3 + 9 = 12$$

第**3**步：将第 2 步已求出的和加上分裂的另一个数"9"求和。

$$20 + 9 = 29$$

$$3 + 9 = 12$$

$$37 + 25 = \boxed{}\boxed{}$$

$$16 + 15 = \boxed{}\boxed{}$$

$$67 + 26 = \boxed{}\boxed{}$$

$$58 + 13 = \boxed{}\boxed{}$$

$$79 + 13 = \boxed{}\boxed{}$$

$$17 + 15 = \boxed{}\boxed{}$$

$$26 + 25 = \boxed{}\boxed{}$$

$$38 + 14 = \boxed{}\boxed{}$$

$$45 + 25 = \boxed{}\boxed{}$$

$$27 + 16 = \boxed{}\boxed{}$$

$$66 + 25 = \boxed{}\boxed{}$$

$$57 + 14 = \boxed{}\boxed{}$$

$$77 + 25 = \boxed{}\boxed{}$$

$$19 + 13 = \boxed{}\boxed{}$$

$$76 + 26 = \boxed{}\boxed{}$$

$$87 + 15 = \boxed{}\boxed{}$$

$$39 + 25 = \boxed{}\boxed{}$$

$$36 + 15 = \boxed{}\boxed{}$$

$$78 + 23 = \boxed{}\boxed{}$$

$$87 + 14 = \boxed{}\boxed{}$$

＝ 每天前进一小步，积年累月之后可获成功。

规则与术语　加数位和相连法

（1）观察加法运算式子中加数 1 的个位数与加数 2 的十位数相同，加数 1 的十位数与加数 2 的个位数相同，且加数的位和（加数的十位数加上个位数的和）小于 9 时。

（2）将加数 1 和加数 2 分别进行位和。

（3）再将两个位和数拼接成一个数，即得出结果（和）。

例❷

$$41 \quad + \quad 14 \quad = \quad 55$$

第**1**步：将式中 41+14 各加数先进行位和。

$$\underline{41} \quad + \quad \underline{14} = \underline{55}$$

$$4 \quad + \quad 1 = 5 \qquad 1 \quad + \quad 4 = 5$$

第**2**步：将第 1 步计算出的加数位和结果进行拼接，5 连 5 等于 55。

$$\underline{41} \quad + \quad \underline{14} = \mathbf{55}$$

$$4 \quad + \quad 1 = 5 \qquad 1 \quad + \quad 4 = 5$$

$$\mathbf{5 \ 连 \ 5 = 55}$$

验算

加数1位和 ＋ 加数2位和 ＝ 和的位和

4＋1 ＋ 1＋4 ＝ 5＋5

✕ 练习题 ✓

27+72 = ☐☐   11+11 = ☐☐

23+32 = ☐☐   16+61 = ☐☐

25+52 = ☐☐   15+51 = ☐☐

21+12 = ☐☐   18+81 = ☐☐

24+42 = ☐☐   14+41 = ☐☐

26+62 = ☐☐   54+45 = ☐☐

31+13 = ☐☐   34+43 = ☐☐

33+33 = ☐☐   22+22 = ☐☐

35+53 = ☐☐   63+36 = ☐☐

71+17 = ☐☐

═ 每天前进一小步，积年累月之后可获成功。

规则与术语　错位相加法

（1）观察加法运算式子中加数 1 个位数与加数 2 的十位数相同，加数 1 的十位数与加数 2 的个位数相同，且加数的位和（加数的十位数加上个位数的和）大于 10 时。

（2）将加数 1 或加数 2 进行位和。

（3）将第 2 步的加数位和结果再进行位和计算。

（4）将第 3 步计算的结果插入到第 2 步计算的结果中间，让其成为加法计算的最终结果（和）。

例❸

$$29 + 92 = 121$$

第 **1** 步：将式中 29+92 加数 1 先进行位和。

$$2 + 9 = 11$$

第 **2** 步：将第 1 步计算出的加数位和结果再进行位和计算。

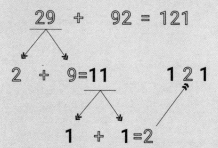

$$1 + 1 = 2$$

第 **3** 步：将第 2 步计算出的位和数"2"插入到第 1 步计算的位和数"11"的中间，组成新数"121"即为和。

95+59 = □□□   98+89 = □□□

76+67 = □□□   83+38 = □□□

49+94 = □□□   86+68 = □□□

75+57 = □□□   92+29 = □□□

96+69 = □□□   48+84 = □□□

56+65 = □□□   85+58 = □□□

27+72 = □□□   87+78 = □□□

47+74 = □□□   97+79 = □□□

39+93 = □□□

= 每天前进一小步，积年累月之后可获成功。

第三节

三位数加法和快准验算

规则与术语　凑整减差法

（1）先观察加法运算式子中哪个加数个位和十位数更接近整百数。

（2）将凑成的整百数，与另一个加数求和。

（3）再减凑整数之差即为运算结果（和）。

例❶

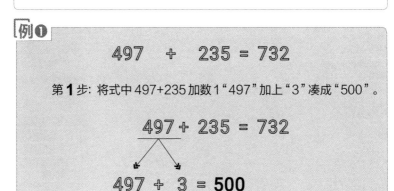

497　＋　235 ＝ 732

第**1**步：将式中 497+235 加数1 "497" 加上 "3" 凑成 "500"。

497＋235 ＝ 732

497＋3 ＝ **500**

第**2**步：再将 500+235 求和。

$$500 \quad + \quad 235 = \mathbf{735}$$

第**3**步：将第 2 步已求出的和减去第 1 步凑整的加数"3"求差，即为 497+235 的和。

$$735 \quad - \quad 3 = 73\mathbf{2}$$

验算

加数1位和 **+** 加数2位和 **=** 和的位和

4+9+7 ＋ 2+3+5 ＝ 7+3+2

2+0 ＋ 1+0 ＝ 1+2

✗ 练习题 ✓

395+269 = ☐☐☐   333+289 = ☐☐☐

587+224 = ☐☐☐   411+295 = ☐☐☐

689+123 = ☐☐☐   321+391 = ☐☐☐

486+145 = ☐☐☐   403+192 = ☐☐☐

188+104 = ☐☐☐   205+689 = ☐☐☐

245+497 = ☐☐☐   111+394 = ☐☐☐

280+131 = ☐☐☐   233+386 = ☐☐☐

486+233 = ☐☐☐   496+211 = ☐☐☐

472+234 = ☐☐☐   287+442 = ☐☐☐

698+105 = ☐☐☐   394+321 = ☐☐☐

485+106 = ☐☐☐   324+279 = ☐☐☐

451+224 = ☐☐☐   521+379 = ☐☐☐

588+205 = ☐☐☐   104+679 = ☐☐☐

687+234 = ☐☐☐   402+188 = ☐☐☐

499+325 = ☐☐☐   697+109 = ☐☐☐

= 每天前进一小步，积年累月之后可获成功。

第四节

四位数加法和快准验算

规则与术语

（1）先观察加法运算式子中加数十位、百位和千位数哪个位数更接近整十、整百和整千数。

（2）将加数根据凑整技巧进行拆分成千位数、百位数、十位数和个位数。

（3）先计算分离出来的整数部分，再加凑整数，最后加拆分数求和为最终结果。

例❶

4117　＋　2385 ＝ 6502

第**1**步：将式中 4117+2385 加数 1 拆分成"4000"加"115"加"2"，加数 2 拆分成"2000"加"385"。

4117　＋　2385 ＝ 6502

4000+115+2+2000+385=

第 **2** 步：调整加数位置顺序。

$$4000+2000+115+385+2=$$

第 **3** 步：先求整数部分之和，再加凑整部分之和，再加拆分数。

$$6000+500+2=6502$$

验算

加数1位和 **+** 加数2位和 **=** 和的位和

3991+2014 = ☐☐☐☐   1771+2038 = ☐☐☐☐

5523+3093 = ☐☐☐☐   6643+1083 = ☐☐☐☐

8331+1445 = ☐☐☐☐   1004+5598 = ☐☐☐☐

2450+3771 = ☐☐☐☐   3035+6489 = ☐☐☐☐

1024+1583 = ☐☐☐☐   4104+2482 = ☐☐☐☐

6712+1295 = ☐☐☐☐   2613+1794 = ☐☐☐☐

2048+3354 = ☐☐☐☐   3260+2651 = ☐☐☐☐

4414+1788 = ☐☐☐☐   6215+1984 = ☐☐☐☐

5535+2075 = ☐☐☐☐   2680+1421 = ☐☐☐☐

2016+2493 = ☐☐☐☐   7312+2095 = ☐☐☐☐

7621+1497 = ☐☐☐☐   3341+4580 = ☐☐☐☐

1104+1668 = ☐☐☐☐   4321+1472 = ☐☐☐☐

8848+1066 = ☐☐☐☐   1652+2064 = ☐☐☐☐

7052+2053 = ☐☐☐☐   7435+1443 = ☐☐☐☐

2481+3354 = ☐☐☐☐   4052+2058 = ☐☐☐☐

＝ 每天前进一小步，积年累月之后可获成功。

第五节
大位数加法和快准验算

规则与术语

（1）先观察加法运算式子中大位加数可以或三位数一组或四位数一组，进行分离。

（2）先将分离的整数相加，并对加数位置进行重新排序。

（3）再对分离的非整数进行补数取整相加，然后减去补数。

例❶

$$345678+4251=349929$$

第 **1** 步：将式中 345678+4251 加数 1 拆分成"345000"加"700"加"4000"加"251-22"。

$$345000+700+4000+251-22=$$

第 **2** 步：调整加数位置顺序。

$$345000+4000+700+251-22=$$

第**3**步：先求整数部分之和，再加凑整部分之和，再加拆分数。

$$349000+700+251-22=$$

$$349700+229=349929$$

验算

加数1位和 ＋ 加数2位和 ＝ 和的位和

✕ 练习题 ✓

390091+2014 =   1771+205538 =

5523+304493 =   6043+104583 =

830031+5445 =   1004+550698 =

245090+3171 =   3035+610489 =

102455+1583 =   4104+200482 =

697122+4295 =   2613+160794 =

204448+3054 =   3260+201651 =

208974+1738 =   6215+145984 =

510475+2044 =   2680+111421 =

201816+2493 =   7312+247095 =

765621+1497 =   3341+411580 =

110024+3468 =   4321+155472 =

880048+2066 =   1652+222064 =

345052+2473 =   7435+154443 =

234509+2345 =   4052+223058 =

= 每天前进一小步，积年累月之后可获成功。

第六节
多组不同位数连续加法和快准验算

规则与术语

（1）先将多组加数以右对齐的方式进行竖式排列。

（2）将加数从左至右每列取位和除以11求商并取余数。

（3）再将余数与商分两行排列，余数在上，商在下。

（4）从右至左将对应列余数与商相加，若商有右邻数，则加上右邻数作为和的一位数，若大于9则进位。

（5）用商的左1数，若有进位数则再加上进位数作为和的左1数。

例❶

$$
\begin{array}{r}
66364 \\
27089 \\
5042 \\
978 \\
89516 \\
+\ 77324 \\
\hline
\end{array}
$$

余数：11960
商：23123
和：266313

第**1**步：求出竖式阵列中每一列的位和（如：4+9+2+8+6+4=33）除以11（33÷11=3余0），将余数"11960"写在上面，商"23123"写在下面。

```
        66364
        27089
         5042
          978
        89516
      + 77324
```
余数： 11960
商： 23123

第**2**步：从右至左将对应列的余数与商相加，"0"加"3"，作为和的右1数。

```
        66364
        27089
         5042
          978
        89516
      + 77324
```
余数： 1196**0**
商： 2312**3**
和： **3**

第**3**步：从右至左将对应列的余数与商相加，"6" 加 "2"
再加商 "2" 的右邻数 "3" 之和，作为和的中间数，若大于 9 则进位。

$$66364$$
$$27089$$
$$5042$$
$$978$$
$$89516$$
$$+\ 77324$$

余数：　11960
商：　　23123
和：　　　^①13

第**4**步：从右至左将对应列的余数与商相加，"9" 加 "1" 加
商 "1" 的右邻数 "2"，再加进位数之和，作为和的中间数，若大于
9 则进位，重复此步计算，直至左 1 数止。

$$66364$$
$$27089$$
$$5042$$
$$978$$
$$89516$$
$$+\ 77324$$

余数：　11960
商：　　23123
和：　　　^①3^①13

第**5**步: 用商的左1数,若有进位则加上进位数,作为和的左1数,
得出最终答案: 266313。

```
        66364
        27089
         5042
          978
        89516
    +   77324
余数:   11960
  商:   23123
   和: 2 66③13
```

验算

将商复制一份放在下一行与余商组成三列,并从左至右对各列
进行位和计算,得出结果后再对结果进行位和计算,再与和的位和计
算结果进行比较,若一致则正确。

```
        5 1 5 1 5
        4 6 8 9
        7 5 3 6
      8 9 7 8 6
    + 7 9 0 5 2
余数:   9 8 1 3 6
  商:   1 2 2 2 2
复制商: 1 2 2 2 2
        11 12 5 7 10
列位和:  2 3 5 7 1 = 9
   和: 2①3①2 5 7 8 = 9
```

```
   856327          567543224          834659
   748569          422857892          124845
   365238          952347566          241388
 + 567124        + 546894521        + 436572
 _____        _____        _____


   346913          662743521          711573
   516849          867432252          547325
   178494          645329557          783452
 + 438725        + 887745634        + 456789
 _____        _____        _____


   457319          358792346          789345
   665342          509867335          764893
   573576          204596723          643287
   847645          457420787          469823
   957654          546892345          689231
 + 745283        + 634456218        + 556498
 _____        _____        _____
```

第 三 章
减法速算和快准验算

第一节

减法概念

减法是四则运算之一，从一个数中减去另一个数的运算叫作减法；已知两个加数的和与其中一个加数，求另一个加数的运算叫作减法。表示减法的符号是"－"，读作减号。

规则与术语

$$18 \quad - \quad 11 \quad = \quad 7$$

被减数　减号　减数　等于号　差

反交换率：

$$a - b \ = \ -(b - a)$$

可结合律：

$$a - b - c \ = \ a - (b + c)$$

第二节

两位数减法和快准验算

规则与术语 补整法

（1）当减数个位数大于被减数个位数时，可先让减数加一个数进行补整。

（2）先减整数，再加上补数，其和就是最终的答案。

例❶

$$52 \ - \ 17 = 35$$

第**1**步：将式中 52-17 减数"17"加上一个补整数 3，让其补成整数 20。

$$52 - \underline{20} = 32$$

$$17 \ + \ 3 = 20$$

第**2**步：加上补数"3"求和作为答案。

$$52 - 20 + 3 = 35$$

规则与术语 错位相减乘9法

（1）当被减数个位数与减数十位数相同时，且被减数十位数与减数个位数相同时。

（2）可用被减数的十位数减去个位数求出差，再乘以 9 的积作为答案。

例❷

$$52 - 25 = 27$$

第**1**步：观察减式中若被减数个位数与减数的十位数是相同，并且被减数的十位数与减数的个位数相同时。

$$52 - 25 = 27$$

第**2**步：用被减数的十位数减去被减数的个位数之差，再乘上9 求积作为答案。

$$52 - 25 = 27$$

$$(5 - 2) \times 9 = 27$$

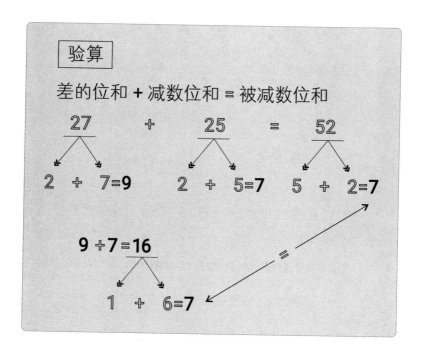

✗ 练习题 ✓

55−28 = ☐☐   32−16 = ☐☐   52−15 = ☐☐

71−36 = ☐☐   61−25 = ☐☐   35−18 = ☐☐

53−17 = ☐☐   63−38 = ☐☐   63−35 = ☐☐

26−19 = ☐☐   42−29 = ☐☐   43−26 = ☐☐

33−26 = ☐☐   66−38 = ☐☐   45−18 = ☐☐

82−37 = ☐☐   45−27 = ☐☐   36−19 = ☐☐

56−47 = ☐☐   58−39 = ☐☐   42−27 = ☐☐

74−26 = ☐☐   33−17 = ☐☐   67−48 = ☐☐

42−25 = ☐☐   44−26 = ☐☐   52−35 = ☐☐

65−37 = ☐☐   47−29 = ☐☐   68−19 = ☐☐

53−29 = ☐☐   56−28 = ☐☐   84−45 = ☐☐

64−37 = ☐☐   47−18 = ☐☐   91−55 = ☐☐

75−38 = ☐☐   76−27 = ☐☐   83−38 = ☐☐

73−37 = ☐☐   53−19 = ☐☐   36−18 = ☐☐

57−28 = ☐☐   67−38 = ☐☐   68−39 = ☐☐

44−25 = ☐☐   43−28 = ☐☐   51−15 = ☐☐

41−19 = ☐☐   45−26 = ☐☐   71−17 = ☐☐

74−47 = ☐☐   77−28 = ☐☐

三 每天前进一小步，积年累月之后可获成功。

53-35 = ☐☐   75-57 = ☐☐   93-39 = ☐☐

81-18 = ☐☐   42-24 = ☐☐   76-67 = ☐

63-36 = ☐☐   41-14 = ☐☐   96-69 = ☐☐

82-28 = ☐☐   31-13 = ☐☐   84-48 = ☐☐

85-58 = ☐☐   61-16 = ☐☐   64-46 = ☐☐

91-19 = ☐☐   62-26 = ☐☐   54-45 = ☐

92-29 = ☐☐   52-25 = ☐☐   43-34 = ☐

65-56 = ☐   72-27 = ☐☐   95-59 = ☐☐

94-49 = ☐☐   86-68 = ☐☐   87-78 = ☐

21-12 = ☐   32-23 = ☐   98-89 = ☐

97-79 = ☐☐

= 每天前进一小步，积年累月之后可获成功。

第三节

三位数减法

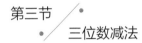

規則与术语　　百位数减个位数乘9

（1）判断减去式子是否是头尾数互换，中间数相同，如321-123。

（2）将被减数的百位数减去个位数之差乘9。

（3）再将乘9的积进行位和。

（4）将位和数插入第2步乘积数的中间，若第2步计算结果只有1位数则放在左边组成答案。

例❶

$$543 - 345 = 198$$

第1步：用式中543-345被减数的百位数"5"减去减数的个位数"3"再乘9。

$$543-345 = 198$$

5　　-　　3 =2 × 9 = 18

第**2**步：将乘9的积进行位和计算。

$$1 + 8 = 9$$

第**3**步：将第2步计算的位和数插入到第1步乘9的积数中间，组成新的答案"198"。

$$543 - 345 = 198$$

✗ 练习题 ✓

391-193 = ☐☐☐   581-185 = ☐☐☐

684-486 = ☐☐☐   724-427 = ☐☐☐

714-417 = ☐☐☐   661-166 = ☐☐☐

882-288 = ☐☐☐   986-689 = ☐☐☐

432-234 = ☐☐   401-104 = ☐☐☐

781-187 = ☐☐☐   642-246 = ☐☐☐

341-143 = ☐☐☐   521-125 = ☐☐☐

933-339 = ☐☐☐   732-237 = ☐☐☐

311-113 = ☐☐☐   512-215 = ☐☐☐

462-264 = ☐☐☐   968-869 = ☐☐

552-255 = ☐☐☐   765-567 = ☐☐☐

602-206 = ☐☐☐   832-238 = ☐☐☐

731-137 = ☐☐☐   553-355 = ☐☐☐

902-209 = ☐☐☐   715-517 = ☐☐☐

886-688 = ☐☐☐   433-334 = ☐☐

951-159 = ☐☐☐

≡ 每天前进一小步，积年累月之后可获成功。

第四节

四位数减法和快准验算

规则与术语　互补差减法

（1）判断减法式子是否为被减数与减数千位百位十位个位形成互补差数，如 7632-2368。

（2）将被减数减去 5000 后乘 2 作为答案。

例❶

$$7632 \ - \ 2368 = 5264$$

第 **1** 步：判断式中 7632-2368 是被减数与减数千位百位十位个位形成互补差数，被减数减去 5000。

$$7632 - 5000 = 2632$$

7632 － 2368=5264

第 **2** 步：将第 1 步被减数减 5000 之差乘 2 作为答案。

$$2632 \quad \times \quad 2 = 5264$$

验算

差的位和 + 减数位和 = 被减数位和

7128-2872 = ⬜⬜⬜⬜   6811-3189 = ⬜⬜⬜⬜

8123-1877 = ⬜⬜⬜⬜   5514-4486 = ⬜⬜⬜⬜

6478-3522 = ⬜⬜⬜⬜   7123-2877 = ⬜⬜⬜⬜

6636-3364 = ⬜⬜⬜⬜   9145-855 = ⬜⬜⬜⬜

6145-3855 = ⬜⬜⬜⬜   7367-2633 = ⬜⬜⬜⬜

6098-3902 = ⬜⬜⬜⬜   5645-4355 = ⬜⬜⬜⬜

7059-2941 = ⬜⬜⬜⬜   6111-3889 = ⬜⬜⬜⬜

8234-1766 = ⬜⬜⬜⬜   7891-2109 = ⬜⬜⬜⬜

5789-4211 = ⬜⬜⬜⬜   8881-1119 = ⬜⬜⬜⬜

6656-3344 = ⬜⬜⬜⬜   5555-4445 = ⬜⬜⬜⬜

7777-2223 = ⬜⬜⬜⬜   8888-1112 = ⬜⬜⬜⬜

5718-4282 = ⬜⬜⬜⬜   8954-1046 = ⬜⬜⬜⬜

6389-3611 = ⬜⬜⬜⬜   5908-4092 = ⬜⬜⬜⬜

7456-2544 = ⬜⬜⬜⬜   6066-3934 = ⬜⬜⬜⬜

5990-4010 = ⬜⬜⬜⬜   7992-2008 = ⬜⬜⬜⬜

6645-3355 = ⬜⬜⬜⬜   8157-1843 = ⬜⬜⬜⬜

8990-1010 = ⬜⬜⬜⬜   7788-2212 = ⬜⬜⬜⬜

6668-3332 = ⬜⬜⬜⬜

≡ 每天前进一小步，积年累月之后可获成功。

第五节
大位数减法和快准验算

规则与术语 减数分组补整加差法

（1）将减数或三位数一组或四位数一组进行补整。

（2）用被减数分别从大到小减去补整的减数。

（3）再将减后之差分别加上补整时的补数，求和作为答案。

例❶

$$46234507-3578479=42656028$$

第 **1** 步：将减数从右至左三位一组进行分组。

$$46234507 - \underline{3578479} = 42656028$$

$$3\ 578\ 479 = 3000000 + 578\ 479$$

第 **2** 步：再将第1步分组的数进行补整。

$$578\ 479 = 600\ 000+500-22000-21$$

第 **3** 步：用被减数先减去已补成整数的减数，再加上补整数。

46234507 − 3000000 = 43234507

43234507−600000−500=42634007

42634007＋22000＋21=**42656028**

验算

差的位和 ＋ 减数位和 ＝ 被减数位和

× 练习题 ✓

9007691 − 204514 =

4980234 − 541514 =

2543112 − 657090 =

3354214 − 317765 =

7823431 − 268905 =

7560989 − 553276 =

3352322 − 190080 =

2569011 − 358768 =

5723455 − 432216 =

7114500 − 436890 =

4357341 − 634909 =

8712455 − 573898 =

3875477 − 445897 =

6534332 − 467798 =

7445632 − 114589 =

7776893 − 224508 =

3235560 − 446557 =

9845722 − 431899 =

5428900 − 789437 =

8966788 − 995689 =

18701 − 2538 =

51589 − 6544 =

23865 − 5048 =

43612 − 1790 =

26743 − 3689 =

33723 − 3566 =

47832 − 1789 =

61175 − 2486 =

77523 − 5670 =

56334 − 6644 =

89221 − 9468 =

77228 − 8538 =

10923 − 5568 =

73328 − 6799 =

36897 − 9019 =

75143 − 2178 =

66329 − 3558 =

20145 − 5478 =

56443 − 7844 =

88690 − 4697 =

÷ 每天前进一小步，积年累月之后可获成功。

第六节
多组不同位数连续减法

规则与术语

（1）先将整减数或容易补整数的减数减去。

（2）观察减数中多组减数相加取整，再减去其和。

（3）再整合前面五节所学技巧进行灵活应用求出答案。

例❶

64682-398-28-456-602=63198

第**1**步：先减补整数，将式中"398"与"602"相加后再减去。

64682-1000-28-456=63198

398 + 602

第**2**步：应用本章第二节中的错位相减乘9法，减去"28"。

63682-28-456=63198

82 - 28 = 54

第 **3** 步：再应用本章第三节百位数减个位数乘 9 法，计算后得出答案。

$$63\underline{654-456}=63198$$

654 - 456 = 198

× 练习题 ✓

43254 − 197 − 457 − 353 − 49 =
32072 − 45 − 202 − 798 − 27 =
71843 − 119 − 345 − 89 − 102 =
62094 − 49 − 667 − 114 − 219 =
11964 − 93 − 439 − 25 − 407 =
81653 − 419 − 212 − 37 − 798 =
20492 − 179 − 29 − 49 − 82 =
66232 − 265 − 48 − 191 − 79 =
93033 − 48 − 211 − 39 − 735 =
21345 − 144 − 189 − 66 − 46 =
81813 − 318 − 295 − 181 − 19 =
41583 − 125 − 17 − 203 − 38 =
92934 − 439 − 59 − 141 − 159 =
20692 − 29 − 63 − 255 − 345 =
11625 − 171 − 149 − 280 − 25 =
98865 − 148 − 517 − 89 − 102 =
71655 − 269 − 34 − 297 − 55 =
16814 − 49 − 51 − 417 − 3703 =
34531 − 111 − 209 − 184 − 23 =
42496 − 18 − 367 − 496 − 77 =

= 灵活应用技巧，做到学以致用，力求事半功倍。

第 四 章
除法速算和快准验算

第一节

除法概念

　　除法是四则运算之一。已知两个因数的积与其中一个非零因数，求另一个因数的运算，叫作除法。两个数相除又叫作两个数的比。若 $ab=c$（$b \neq 0$），用积数 c 和因数 b 来求另一个因数 a 的运算就是除法，写作 $c \div b$，读作 c 除以 b（或 b 除 c）。其中，c 叫作被除数，b 叫作除数，运算的结果 a 叫作商。

规则与术语

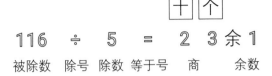

116　÷　5　=　2　3余1
被除数　除号　除数　等于号　商　　余数

注："个"代表个位数，"十"代表十位数，"数"代表整个数字（十位个位数全选）。

除法另类表达方式：

$$\frac{115}{5} = 23$$

除法与乘法的关系：

$$a \div b = c$$

$$b \times c = a$$

第二节
两位数除法和快准验算

规则与术语
·························

（1）先用被除数左 1 数除以除数左 1 数，若被除数的左 1 数小于除数的左 1 数，则选用被除数的两位数（左 1 数和左 1 数的右邻数）除以除数的左 1 数，假如除数的右 1 数偏大，而被除数下一个待选数偏小，则尝试将商减 1 作为答案的左 1 数，若有余数先忽略。

（2）取被除数第 1 步被选中的数减去第 1 步求出的商与被除数左 1 数乘除数左 1 数积的全部数相减作为新数的左 1 数和被除数未被选过的中间数下拉作为右 1 数组成新数，减第 1 步求出的商乘除数的右 1 数积的十位数，再减去第 1 步求出的商乘除数的右 1 数积的个位数之差组成新的被除数。

（3）用第 2 步新组成的被除数除以除数的左 1 数的商作为答案左 1 数的右邻数。

（4）取被除数第 2 步新组成的被除数减去第 3 步求出商乘除数的左 1 数之差，与被除数未被选过的中间数或右 1 数组成新数减去第 3 步求出商乘除数的右 1 数之差，若结果为零，则表示计算结束，答案为第 2 步和第 3 步所计算的结果，若不为零则作为余数。

例❶

$$989 \div 23 = 43$$

第 **1** 步：选取式中 989÷23 被除数的左 1 数"9"作为被除数除以除数的左 1 数"2"的商作为答案的左 1 数，若有余数先忽略。

$$\begin{matrix} \mathbf{9}89 & \div & \mathbf{2}3 & = & \mathbf{4}3 \\ \downarrow & & \downarrow & & \uparrow \\ 9 & \div & 2 & = & 4 \end{matrix} \text{(余1忽略)}$$

第 **2** 步：选取式中 989÷23 被除数的左 1 数"9"减去第 1 步求出的商"4"乘除数的左 1 数（十位数）"2"积的全部数，再减第 1 步求出的商乘除数右 1 数（个位数）积的十位数后作为新数的左 1 数；被除数未被选过的中间数下拉作为右 1 数组成新数"08"减去第 1 步求出的商"4"乘除数的右 1 数（个位数）积的个位数之差组成新的被除数（计算后组成的新被除数"06"）。

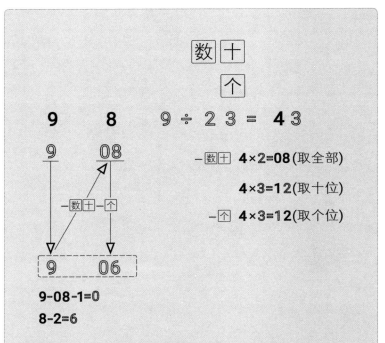

第**3**步: 将第2步计算选取数"06"除以除数的左1数（十位数）的商作为答案左1数的右邻数，若有余数忽略不计。

$$9 \quad 8 \quad 9 ÷ 2 3 = 4 \quad 3$$

$$06 ÷ 2 = 3$$

第**4**步: 经过第3步的计算，式中989÷23被除数只有右1数"9"未做处理，那就得继续按规则进行计算，按第2步取数逻辑选择新被除数继续计算，若经过计算选出的数为"0"，则表示计算结果"43"为最终答案，没有余数；若不为"0"可作为余数。

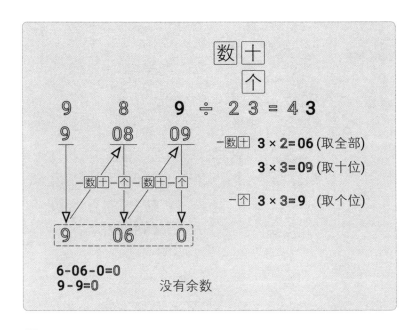

9 8 **9** ÷ 2 3 = 4 **3**

－数十 **3 × 2=06** (取全部)

3 × 3=09 (取十位)

－个 **3 × 3=9** (取个位)

6-06-0=0
9-9=0　　　没有余数

例❷

$$2639 ÷ 58 = 45.5$$

第 **1** 步：式中 2639÷58 因被除数的左 1 数 "2" 小于除数的左 1 数 "5"，所以需要先选取被除数的左 1 数与左 1 数的右邻数 "26" 作为被除数除以除数的左 1 数 "5" 的商作为答案的左 1 数，26÷5=5 余 1，但本例中除数右 1 数是一个大数 "8"，而余数 1 又偏小，故先将商 5 － 1 作为商的左 1 数比较妥当，余数先忽略。

2639 ÷ **58** = **45**.5

26 ÷ **5** = **4** (余6忽略)

第**2**步：选取式中 2639÷58 被除数的左 1 数"26"减去第 1 步求出的商"4" 乘除数的左 1 数（十位数）"5" 积的全部数，再减第 1 步求出的商乘除数右 1 数（个位数）积的十位数后作为新数的左 1 数；被除数未被选过的中间数下拉作为右 1 数组成新数"33"减去第 1 步求出的商"4"乘除数的右 1 数（个位数）积的个位数之差组成新的被除数"31"。

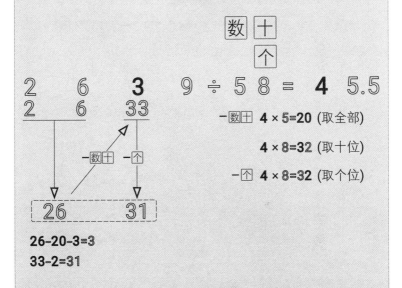

第**3**步：将第 2 步计算选取数"31"除以除数的左 1 数（十位数）的商作为答案左 1 数的右邻数，31÷5=6 余 1，但本例中除数右 1 数是一个大数"8"，而余数 1 又偏小，故先将商 6-1 作为商的左 1 数比较妥当，若有余数忽略不计。

$$2\ \ 6\ \ \textbf{3} \div 9 \div 5\ 8 = 4\ \textbf{5}.5$$

$$31 \div 5 = \textbf{5}\ \ (余6忽略)$$

第 **4** 步：经过第 3 步的计算，式中 2639÷58 被除数只有右 1 数"9"未做处理，那就得继续按规则进行计算，按第 2 步取数逻辑选择新被除数继续计算，若经过计算选出的数为"0"，则表示计算结果"45"为最终答案，没有余数；若不为"0"可作为余数或继续计算得出结果，也可以将其作为余数，当碰上无限不循环小数时，最好写上余数，在速算中默认取余数。

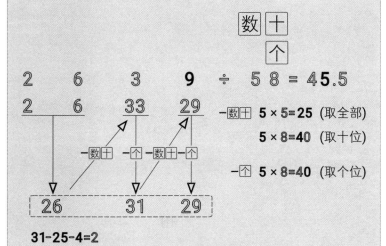

31-25-4=2

29-0=29 29可作为余数，也可继续计算

第 **5** 步：经过第 4 步的计算，整数部分已经计算完成，我们可以直接写 2639÷58=45 余 29。但是证明此方法是可以继续计算出

小数部分的，我们选择继续计算，将被除数 2639 加小数点，并在小数点后面加 "0"。

$$2 \quad 6 \quad 3 \quad 9.0 \div 5 8 = 4 5.5$$

第 **6** 步：将第 4 步计算选取数 "29" 除以除数的左 1 数（十位数）的商作为答案小数点后的第 1 位数，若有余数忽略不计。

$$2 \quad 6 \quad 3 \quad 9 \div 5 8 = 4 5.5$$

$$29 \div 5 = 5 \ (余4忽略)$$

第 **7** 步：经过第 6 步的计算，式中 2639÷58 被除数小数点后面添 "0" 按第 2 步取数逻辑选择新被除数继续计算，若经过计算选出的数为 "0"，则表示计算结果 "45.5" 为最终答案；若不为 "0" 则继续计算得出结果。

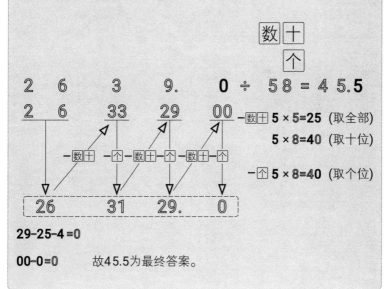

29−25−4=0

00−0=0　　　故45.5为最终答案。

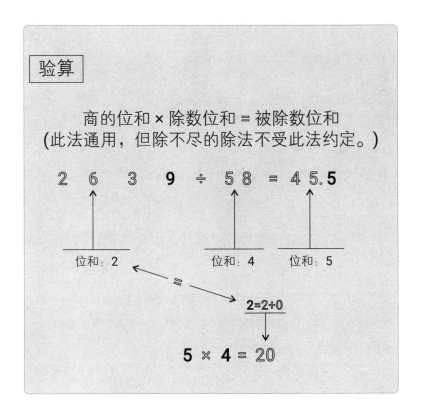

× 练习题 ✓

805÷35 =	2728÷62 =
630÷42 =	3900÷75 =
651÷21 =	3726÷81 =
464÷16 =	2405÷65 =
884÷26 =	1722÷82 =
600÷24 =	3276÷52 =
416÷32 =	2697÷93 =
602÷14 =	2430÷54 =
847÷11 =	1722÷41 =
924÷22 =	4453÷73 =
945÷45 =	2068÷94 =
795÷22 =	4388÷51 =
877÷17 =	4952÷75 =
816÷62 =	5395÷87 =
756÷26 =	2667÷43 =

= 每天前进一小步，积年累月之后可获成功。

第三节

三位数除法和快准验算

规则与术语

　　（1）先用被除数左 1 数除以除数左 1 数，若被除数的左 1 数小于除数的左 1 数，则选被除数的两位数（左 1 数和左 1 数的右邻数）除以除数的左 1 数，假如除数的中间数偏大，而被除数下一个待选数偏小，则应尝试将商减 1 作为答案的左 1 数，若有余数忽略。

　　（2）取被除数第 1 步被选中的数减去第 1 步求出的商与被除数左 1 数乘除数左 1 数积的全部数相减作为新数的左 1 数和被除数未被选过的中间数下拉作为右 1 数组成新数，减第 1 步求出的商乘除数的中间数积的十位数，再减去第 1 步求出的商乘除数的右 1 数积的个位数之差组成新的被除数。

　　（3）用第 2 步新组成的被除数除以除数的左 1 数的商作为答案左 1 数的右邻数。

　　（4）根据被除数的长度不同，若被除数长度比较长（7 ~ 8 位），则按第 2 步和第 3 步的选数和计算方法进行重复计算，直至被除数末尾只剩下两位数未处理时，表示求商的整数部分已经计算完成，接下来是通过计算验证是否会产生余数。

（5）上一步中，新组成被除数减去除数左 1 数乘上一步商之积的全部数，再减去除数左 1 数乘上一步商之积的十位数，所得结果作为新数左 1 数，除数右 1 数的左邻数作为新数的右 1 数，用新数减去除数中间数乘商右 1 数积的个位数，再减去除数右 1 数乘商右 1 数积的十位数，再减去除数的右 1 数乘商右 1 数的左邻数积的个位数，若结果不为"0"则记作余数左边部分。用被除数右 1 数减去除数右 1 数乘商右 1 数积的个位数，若结果不为"0"则记作余数的右边部分，若结果都为"0"则整除无余数。

例❶

$$284849 \div 443 = 643$$

第 **1** 步：选取式中 284849÷443 被除数的"28"作为被除数除以除数的左 1 数"4"的商作为答案的左 1 数，若有余数先忽略。

284849 ÷ **4**43 = 6**43**

28　　　÷　　4　　=　　6　(余4忽略)

第 **2** 步：选取式中 284849÷443 被除数"28"减去第 1 步求出的商"6"乘除数的左 1 数"4"积的全部数，再减第 1 步求出的商乘除数中间数积的十位数作为新数的左 1 数；被除数末被选过的中间数下拉作为右1数组成新数"24"减去第1步求出的商乘除数的中间数积的个位数，再减去第1步求出的商乘除数的右1数之差组成新的被除数（计算后组成的新被除数"19"）。

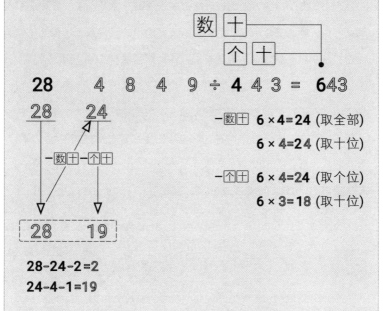

第**3**步：将第2步计算选取数"19"除以除数的左1数的商作为答案左1数的右邻数，若有余数忽略不计。

284849 ÷ **4**43 = **6**43

19 ÷ 4 = 4 （余3忽略）

第**4**步：将第2步选取新被除数"19"减去第3步求出的商"4"乘除数的左1数"4"积的全部数再减第3步求出的商乘除数中间数积的十位数作为新数的左1数；被除数未被选过的中间数下拉作为右

1 数组成新数"28" 减去第 1 步求出的商"6" 乘除数的右 1 数积的个位数,再减去第 3 步求出的商"4"乘除数的中间数积的个位数,再减去第 3 步求出的商"4"乘除数的右 1 数积的十位数之差组成新的被除数(计算后组成的新被除数"13")。

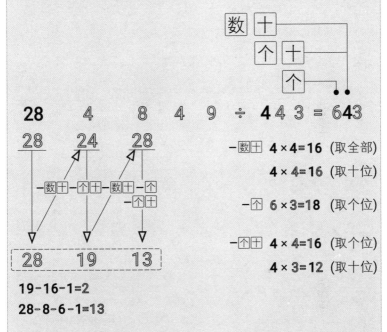

$$19-16-1=2$$
$$28-8-6-1=13$$

第 **5** 步:将第 4 步计算选取数"13"除以除数的左 1 数的商作为答案中间数,若有余数忽略不计,根据规则计算到此步整数部分已经计算完成,接下是验证余数部分。

$$284849 \div 443 = 643$$

$$13 \div 4 = 3 \text{ (余1忽略)}$$

第 **6** 步：将第 4 步选取新被除数"13"减去第 5 步求出的商"3"乘除数的左 1 数"4"取积的全部数，再减第 5 步求出的商乘除数中间数积的十位数作为新数的左 1 数；被除数未被选过的中间数下拉作为右 1 数组成新数"04"减去第 3 步求出的商"4"乘除数的右 1 数积的个位数，再减去第 5 步求出的商"3"乘除数的中间数积的个位数，再减去第 5 步求出的商"3"乘除数的右 1 数积的十位数之差组成新的被除数（计算后组成的新被除数"0"）。

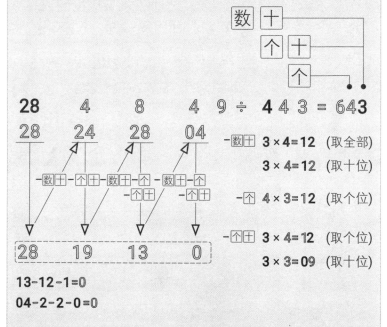

第 **7** 步：将被除数右 1 数"9"下拉作为新数减去第 5 步求出的商"3"乘除数的右 1 数"3"积的个位数，计算后结果若为"0"，且上一步计算结果也为"0"则没有余数。

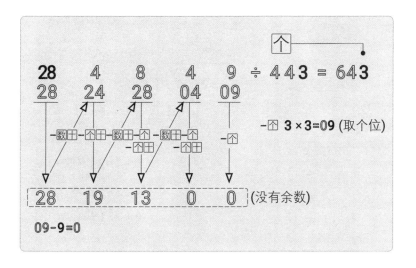

例❷

$$284850 \div 443 = 643余1$$

第 1 步：选取式中 284850÷443 被除数的"28"作为被除数除以除数的左 1 数"4"的商作为答案的左 1 数，若有余数先忽略。

$$\underline{28}4850 \div \underline{4}43 = \underline{6}43余1$$

$$28 \div 4 = 6 \ (余4忽略)$$

第 2 步：选取式中 284850÷443 被除数"28"减去第 1 步求出的商"6"乘除数的左 1 数"4"积的全部数，再减第 1 步求出的商乘除数中间数积的十位数作为新数的左 1 数；被除数未被选过的中间数下拉作为右 1 数组成新数"24"减去第 1 步求出的商乘除数的中间数积的个位数，再减去第 1 步求出的商乘除数的右 1 数之差组成新的被除数（计算后组成的新被除数"19"）。

171

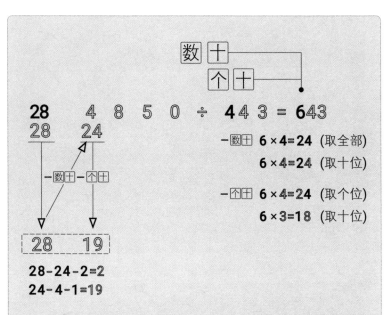

第3步: 将第2步计算选取数"19"除以除数的左1数的商作为答案左1数的右邻数, 若有余数忽略不计。

$$284850 \div 443 = 643余1$$

19 ÷ 4 = 4 (余3忽略)

第4步: 将第2步选取新被除数"19"减去第3步求出的商"4"乘除数的左1数"4"积的全部数再减第3步求出的商乘除数中间数积的十位数作为新数的左1数; 被除数未被选过的中间数下拉作为右1数组成新数"28"减去第1步求出的商"6"乘除数的右1数积的个位数, 再减去第3步求出的商"4"乘除数的中间数积的个位数, 再减去第3步求出的商"4"乘除数的右1数积的十位数之差组成新的被除数 (计算后组成的新被除数"13")。

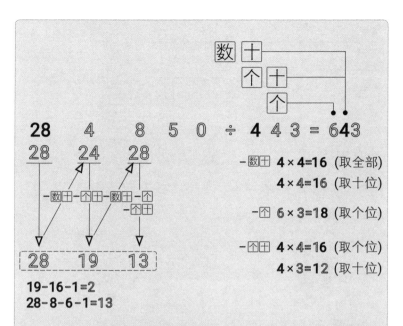

19-16-1=2
28-8-6-1=13

第**5**步：将第4步计算选取数"13"除以除数的左1数的商作为答案中间数，若有余数忽略不计，根据规则计算到此步整数部分已经计算完成，接下是验证余数部分。

$$284850 \div 443 = 643余1$$

$$13 \div 4 = 3 \ (余1忽略)$$

第**6**步：将第4步选取新被除数"13"减去第5步求出的商"3"乘除数的左1数"4"取积的全部数，再减第5步求出的商乘除数中间数积的十位数作为新数的左1数；被除数未被选过的中间数下拉作为右1数组成新数"05" 减去第3步求出的商"4" 乘除数的右1数积的个位数，再减去第5步求出的商"3"乘除数的中间数积的个位数，再减去第5步求出的商"3"乘除数的右1数积的十位数之差组成新的被除数（计算后组成的新被除数"1"）。

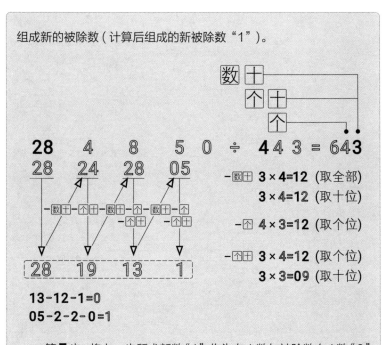

第**7**步: 将上一步所求新数"1"作为左1数与被除数右1数"0"
下拉作为新数"10"减去第5步求出的商"3"乘除数的右1数"3"
积的个位数，计算后结果为"1"，则余数为"1"。

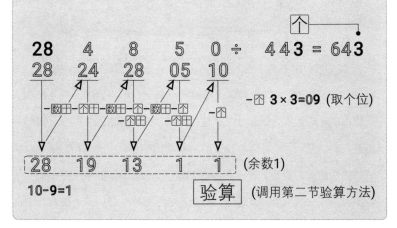

× 练习题 ✓

$285775 \div 355 =$

$142044 \div 623 =$

$103960 \div 452 =$

$282750 \div 725 =$

$156891 \div 241 =$

$297972 \div 801 =$

$584766 \div 126 =$

$249075 \div 615 =$

$226304 \div 256 =$

$615144 \div 852 =$

$140400 \div 234 =$

$215072 \div 572 =$

$188448 \div 453 =$

$657271 \div 943 =$

$351568 \div 584 =$

$145725 \div 335 =$

$161777 \div 191 =$

$340062 \div 471 =$

$232848 \div 252 =$

$345639 \div 763 =$

$468975 \div 555 =$

$242272 \div 904 =$

$224198 \div 282 =$

$268898 \div 551 =$

$478845 \div 546 =$

$358880 \div 725 =$

$507556 \div 622 =$

$338518 \div 857 =$

$201108 \div 266 =$

$596946 \div 699 =$

= 每天前进一小步，积年累月之后可获成功。

第四节
大位数除法

规则与术语

（1）先用被除数左 1 数除以除数左 1 数，若被除数的左 1 数小于除数的左 1 数，则选被除数的两位数（左 1 数和左 1 数的右邻数）除以除数的左 1 数，若除数的中间数偏大，而被除数下一个待选数又偏小，则应尝试将商减 1 作为答案的左 1 数，若有余数忽略。

（2）取被除数第 1 步被选中的数减去第 1 步求出的商与被除数左 1 数乘除数左 1 数积的全部数相减作为新数的左 1 数和被除数未被选过的中间数下拉作为右 1 数组成新数，减第 1 步求出的商乘除数中间数之积的十位数，再减去第 1 步求出的商乘除数的右 1 数积的个位数之差组成新的被除数。

（3）用第 2 步新组成的被除数除以除数的左 1 数的商作为答案左 1 数的右邻数。

（4）根据被除数的长度不同，若被除数和除数的长度比较长，则按第 2 步和第 3 步的选数和计算方法进行重复计算，直至被除数处理数长度等于除数长度减 1 时，表示求商的整数部分已经计算完成，接下来是通过计算验证是否会产生余数。

（5）上一步新组成被除数减去除数左 1 数乘上一步商之积的全部数，再减去除数左 1 数乘上一步商之积的十位数，所得结果作为新数左 1 数，除数右 1 数的左邻数作为新数的右 1 数，用新数减去除数中间数乘商右 1 数积的个位数，再减去除数右 1 数乘商右 1 数积的十位数，再减去除数的右 1 数乘商右 1 数的左邻数积的个位数，若结果不为"0" 则记作余数左边部分。用被除数右 1 数减去除数右 1 数乘商右 1 数积的个位数，若结果不为"0"则记作余数的右边部分，若结果都为"0"则整除无余数。

例❶

$$6681483 \div 54321 = 123$$

第 **1** 步：选取式中 6681483÷54321 被除数的左 1 数"6"作为被除数除以除数的左 1 数"5"的商作为答案的左 1 数，若有余数先忽略。

$$\textbf{6}681483 \div \textbf{54}321 = 1\textbf{23}$$

6 ÷ 5 = 1 (余2忽略)

第 **2** 步：选取式中 6681483÷54321 被除数"6"减去第 1 步求出的商"1"乘除数的左 1 数"5"积的全部数再减第 1 步求出的商

乘除数中间数积的十位数作为新数的左1数；被除数末被选过的中间
数下拉作为右1数组成新数"16"减去第1步求出的商乘除数的中间
数积的个位数，再减去第1步求出的商乘除数的中间数积的十位数之
差组成新的被除数（计算后组成的新被除数"12"）。

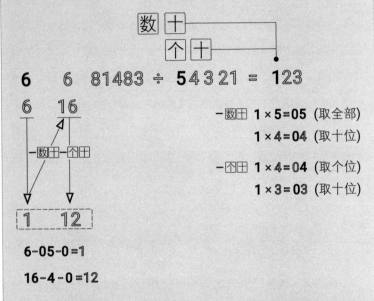

6-05-0=1

16-4-0=12

第3步：将第2步计算选取数"12"除以除数的左1数的商作
为答案左1数的右邻数，若有余数忽略不计。

6**6**81483 ÷ **5**4321 = 1**2**3

12 ÷ 5 = 2 (余2忽略)

第4步：将第2步选取新被除数"12"减去第3步求出的商"2"
乘除数的左1数"5"积的全部数，再减第3步求出的商乘除数中间

数积的十位数作为新数的左1数；被除数未被选过的中间数下拉作为右1数组成新数"28"减去第3步求出的商"2"乘除数的中间数"4"积的个位数，再减去第1步求出的商"1"乘除数的中间数"3"积的个位数，再减去第1步求出的商"1"乘除数的中间数"2"积的十位数之差组成新的被除数（计算后组成的新被除数"17"）。

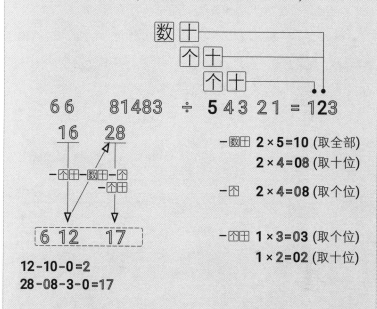

6 6   81483 ÷ 5 43 21 = 123

－数⊞ 2×5=10 (取全部)
2×4=08 (取十位)

－个 2×4=08 (取个位)

－个⊞ 1×3=03 (取个位)
1×2=02 (取十位)

16   28

6 12   17

12-10-0=2
28-08-3-0=17

第5步：将第4步计算选取数"17"除以除数的左1数"2"的商作为答案的1位数，若有余数忽略不计。

6681483 ÷ 54321 = 123

17 ÷ 5 = 3 (余2忽略)

第6步：将第4步选取的新被除数"17"减去第5步求出的商"3"

乘除数的左 1 数 "5" 积的全部数，再减第 5 步求出的商乘除数中间数 "4" 积的十位数作为新数的左 1 数；被除数未被选过的中间数下拉作为右 1 数组成新数 "11" 减去第 5 步求出的商 "3" 乘除数的中间数 "4" 积的个位数，再减去第 5 步求出的商 "3" 乘除数的中间数 "3" 积的十位数，再减去第 3 步求出的商 "2" 乘除数的中间数 "3" 积的个位数，再减去第 3 步求出的商 "2" 乘除数的中间数 "2" 积的十位数，再减去第 1 步求出的商 "1" 乘除数的中间数 "2" 积的个位数，再减去第 1 步求出的商 "1" 乘除数的右 1 数 "1" 积的十位数之差组成新的被除数（计算后组成的新被除数 "1"）。按计算，到被除数剩余处理位数等于除数总位数减 1 时，表示除法中整数部分已经计算完成，接下来是计算余数部分。

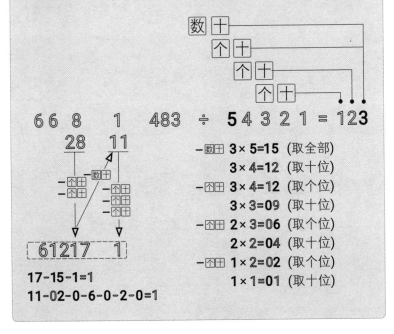

17-15-1=1

11-02-0-6-0-2-0=1

第 **7** 步：将第 6 步选取新被除数"1"直接作为新数的左 1 数；被除数未被选过的中间数下拉作为右 1 数组成新数"14"减去第 5 步求出的商"3"乘除数的中间数"3"积的个位数，再减去第 5 步求出的商"3"乘除数的中间数"2"积的十位数，再减去第 3 步求出的商"2"乘除数的中间数"2"积的个位数，再减去第 3 步求出的商"2"乘除数的中间数"1"积的十位数，再减去第 1 步求出的商"1"乘除数的右 1 数"1"积的个位数之差组成新的被除数（计算后组成的新被除数"0"）。

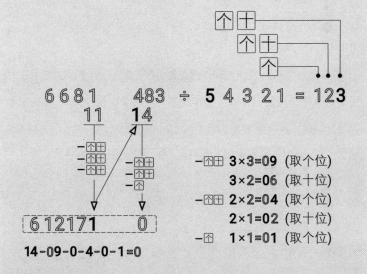

14-09-0-4-0-1=0

第 **8** 步：将第 7 步选取新被除数"0"直接作为新数的左 1 数；被除数未被选过的中间数下拉作为右 1 数组成新数"08"减去第 5 步求出的商"3"乘除数的中间数"2"积的个位数，再减去第 5 步求出的商"3"乘除数的右 1 数"1"积的十位数，再减去第 3 步求出的商"2"乘除数的右1数"1"积的个位数之差组成新的被除数（计算后组成的新被除数"0"）。

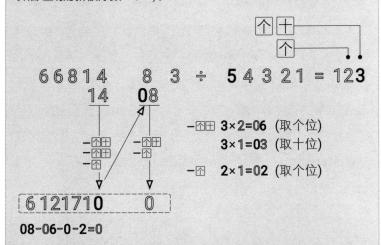

08-06-0-2=0

第**9**步：将第8步选取新被除数"0"直接作为新数的左1数；被除数未被选过的右1数下拉作为右1数组成新数"03"减去第5步求出的商"3"乘除数的右1数"1"积的个位数之差，若计算结果为"0"则表示没有余数，若不为"0"则计算结果为余数。

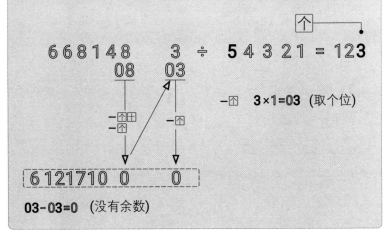

03-03=0（没有余数）

× 练习题 ✓

2668925 ÷ 3535 =   12515412 ÷ 6123 =

8118320 ÷ 4142 =   19868750 ÷ 7225 =

4615931 ÷ 2441 =   22455972 ÷ 8101 =

5720516 ÷ 1226 =   15187575 ÷ 6315 =

5030880 ÷ 2556 =   42448288 ÷ 8252 =

9429360 ÷ 2334 =   27753984 ÷ 5472 =

6303144 ÷ 4353 =   60744996 ÷ 9243 =

5791110 ÷ 5484 =   27960644 ÷ 3335 =

31064187 ÷ 19211 =   57598559 ÷ 41171 =

588202688304 ÷ 2526123 =

2586638647125 ÷ 5515515 =

6340953471946 ÷ 28282828 =

26011557598321 ÷ 546321456 =

316015847847531832 ÷ 622622622622 =

525124183068530 ÷ 2611155116 =

〓 每天前进一小步，积年累月之后可获成功。

第 五 章
平方速算和快准验算

第一节

平方概念

平方是一种运算，比如：a 的平方表示 $a \times a$，简写成 a^2，也可写成 $a \times a$（a 的一次方乘 a 的一次方等于 a 的 2 次方），例如 $5 \times 5 = 25$，平方符号"a^2"。

平方根，又叫二次方根，用 $[\pm\sqrt{}]$ 表示，其中属于非负数的平方根称之为算术平方根，算术平方根只有一个。一个正数有两个实平方根，它们互为相反数，负数没有平方根。求一个非负数的平方根的运算叫作开平方。

规则与术语

平方的表达方式：

$$a \times a = a^2$$

$$7 \times 7 = 7^2$$

$$7 \times 7 = 49$$

平方根的表达方式：

$$\sqrt{25} = 5$$

平方与平方根的相互关系：

$$\sqrt{625} = 25 \qquad 25 \times 25 = 625$$

第二节

两位数平方和快准验算

规则与术语

（1）先将个位数平方作为答案的右1数，若大于9则进位。

（2）再将个位数乘十位数的积再翻倍，若前一步有进位数，则加上进位数之和作为答案的中间数，若大于9则进位。

（3）用十位数平方，若前一步有进位数，则再加上进位数之和作为答案的左1数和中间数。

例❶

$$75^2 = 5625$$

第1步：先将75^2的个位数"5"的平方"25"中的"5"作为答案的右1数，"2"进位。

$$
\frac{7\ 5^2}{^2 5}
$$

第**2**步: 将75²的个位数"5"乘十位数"7"的积"35"再翻倍, 再加上第1步的进位数"2"之和"72"中的"2"作为答案的中间数, "7"进位。

$$\frac{7\ 5^2}{^7 25}$$

第**3**步: 将75²的乘十位数"7"的平方"49", 再加上第2步的进位数"7"之和"56"作为答案的左1数和中间数, 75²的最终答案为"5625"。

$$\frac{7\ 5^2}{\mathbf{56} 25}$$

验算

平方数位和的平方再位和 = 答案位和

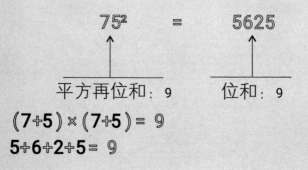

$$75^2 \quad = \quad 5625$$

平方再位和: 9   位和: 9

(7+5)×(7+5)= 9

5+6+2+5= 9

× 练习题 ✓

$15^2 =$	$22^2 =$	$11^2 =$	$44^2 =$
$21^2 =$	$34^2 =$	$31^2 =$	$46^2 =$
$17^2 =$	$24^2 =$	$13^2 =$	$80^2 =$
$29^2 =$	$92^2 =$	$27^2 =$	$62^2 =$
$19^2 =$	$82^2 =$	$33^2 =$	$28^2 =$
$37^2 =$	$74^2 =$	$51^2 =$	$32^2 =$
$45^2 =$	$78^2 =$	$53^2 =$	$76^2 =$
$39^2 =$	$84^2 =$	$55^2 =$	$64^2 =$
$41^2 =$	$88^2 =$	$57^2 =$	$36^2 =$
$85^2 =$	$96^2 =$	$59^2 =$	$66^2 =$
$23^2 =$	$26^2 =$	$65^2 =$	$16^2 =$
$25^2 =$	$18^2 =$	$49^2 =$	$12^2 =$
$43^2 =$	$14^2 =$	$63^2 =$	$50^2 =$
$47^2 =$	$30^2 =$	$83^2 =$	$60^2 =$
$61^2 =$	$40^2 =$	$89^2 =$	$54^2 =$
$75^2 =$	$48^2 =$	$67^2 =$	$56^2 =$
$99^2 =$	$68^2 =$	$91^2 =$	$66^2 =$
$93^2 =$	$70^2 =$	$97^2 =$	$58^2 =$
$95^2 =$	$86^2 =$	$77^2 =$	$72^2 =$
$35^2 =$	$52^2 =$	$38^2 =$	$98^2 =$
$20^2 =$	$73^2 =$		

÷ 每天前进一小步，积年累月之后可获成功。

第三节

三位数平方和快准验算

规则与术语

（1）先将百位数暂时屏蔽不参与运算，只计算十位数和个位数两个数的平方，计算方法参考本章第二节，计算结果作为答案的右边部分。

（2）将百位数乘个位数的积翻倍，加上第1步计算的结果的左1数及左1数的右邻数。

（3）将个位数屏蔽，百位数和十位数两个数的平方，计算方法参考本章第二节，但取消个位数的平方，从十位数乘个位数再翻倍开始计算，计算结果加上第2步计算结果的左1数作为答案的左边部分，若前一步有进位数，则再加上进位数之和作为答案左边部分。

例❶

$$375^2 = 140625$$

第 **1** 步：先将 375^2 的百位数"3"暂时屏蔽，取十位和个位"75"的平方的计算结果"5625"作为答案的右边部分。

$$3\ 7\ 5^2$$
$$\overline{5625}$$

第 **2** 步：将 375^2 的个位数"5"和百位数"3"相乘的积"15"翻倍，再加上第 1 步的计算结果的左 1 数和左 1 数的右邻数"56"结果为"8625"。

$$3\ 7\ 5^2 \qquad 3 \times 5 \times 2 = 30$$
$$5625$$
$$+30$$
$$\overline{}$$
$$\mathbf{8}625$$

第 **3** 步：暂将 375^2 的个位数"5"屏蔽，取百位数"3"和十位数"7"的平方，取消"7"的平方，直接将"3"和"7"相乘求积后再翻倍，再将"3"平方，加上第 2 步计算结果的左 1 数作为答案的左边部分。答案为："140625"。

$$37\,5^2$$

$$5625$$
$$+\ 30$$

$$8625$$
$$+\ 42$$
$$+\ 9$$

$$140625$$

3×7×2=42
3×3=9

验算

平方数位和的平方再位和 = 答案位和

× 练习题 ✓

$151^2 =$ $222^2 =$ $344^2 =$

$221^2 =$ $343^2 =$ $464^2 =$

$137^2 =$ $244^2 =$ $850^2 =$

$294^2 =$ $952^2 =$ $662^2 =$

$159^2 =$ $826^2 =$ $278^2 =$

$367^2 =$ $747^2 =$ $328^2 =$

$457^2 =$ $878^2 =$ $769^2 =$

$389^2 =$ $894^2 =$ $604^2 =$

$401^2 =$ $808^2 =$ $361^2 =$

$851^2 =$ $961^2 =$ $266^2 =$

$223^2 =$ $262^2 =$ $136^2 =$

$253^2 =$ $138^2 =$ $142^2 =$

$443^2 =$ $414^2 =$ $550^2 =$

$616^2 =$ $305^2 =$ $606^2 =$

$775^2 =$ $640^2 =$ $574^2 =$

$989^2 =$ $478^2 =$ $586^2 =$

$993^2 =$ $688^2 =$ $669^2 =$

$905^2 =$ $709^2 =$ $508^2 =$

$135^2 =$ $806^2 =$ $712^2 =$

$202^2 =$ $521^2 =$ $982^2 =$

$383^2 =$

═ 每天前进一小步，积年累月之后可获成功。

55 × 11 =	987 × 11 =	551 × 11 =
36 × 11 =	688 × 11 =	699 × 11 =
72 × 11 =	521 × 11 =	525 × 11 =

2121 × 12 =	345345 × 12 =
1212 × 12 =	331331 × 12 =
4321 × 12 =	442244 × 12 =
9876 × 12 =	235235 × 12 =

2662 × 3 =	24675 × 3 =	2626 × 3 =
6688 × 3 =	83316 × 3 =	6886 × 3 =
4882 × 3 =	65553 × 3 =	2848 × 3 =
6248 × 3 =	43132 × 3 =	2468 × 3 =
2468 × 4 =	24631 × 4 =	24606 × 4 =
6622 × 4 =	84516 × 4 =	84206 × 4 =
4884 × 4 =	66776 × 4 =	66246 × 4 =
6428 × 4 =	42182 × 4 =	42288 × 4 =
2266 × 5 =	24777 × 5 =	24680 × 5 =
6622 × 5 =	84333 × 5 =	86246 × 5 =
4864 × 5 =	66555 × 5 =	62226 × 5 =
6228 × 5 =	42121 × 5 =	46642 × 5 =
4680 × 5 =	71573 × 5 =	68682 × 5 =

= 每天前进一小步，积年累月之后可获成功。

✕ 综合练习题 ✓   计时 ① _____ 秒

$2682 \times 6 =$	$24635 \times 6 =$	$24240 \times 6 =$
$6424 \times 6 =$	$84611 \times 6 =$	$83906 \times 6 =$
$4442 \times 6 =$	$66376 \times 6 =$	$61196 \times 6 =$
$6208 \times 6 =$	$42532 \times 6 =$	$42224 \times 6 =$
$2682 \times 7 =$	$24635 \times 7 =$	$24240 \times 7 =$
$6424 \times 7 =$	$84611 \times 7 =$	$83906 \times 7 =$
$4442 \times 7 =$	$66376 \times 7 =$	$61196 \times 7 =$
$6208 \times 7 =$	$42532 \times 7 =$	$42224 \times 7 =$
$2682 \times 8 =$	$24635 \times 8 =$	$24240 \times 8 =$
$6424 \times 8 =$	$84611 \times 8 =$	$83906 \times 8 =$
$4442 \times 8 =$	$66376 \times 8 =$	$61196 \times 8 =$
$6208 \times 8 =$	$42532 \times 8 =$	$42224 \times 8 =$
$6424 \times 9 =$	$84611 \times 9 =$	$83906 \times 9 =$
$4442 \times 9 =$	$66376 \times 9 =$	$61196 \times 9 =$
$6208 \times 9 =$	$42532 \times 9 =$	$42224 \times 9 =$
$2266 \times 9 =$	$24777 \times 9 =$	$24680 \times 9 =$
$6622 \times 9 =$	$84333 \times 9 =$	$86246 \times 9 =$
$4864 \times 9 =$	$66555 \times 9 =$	$62226 \times 9 =$
$6228 \times 9 =$	$42121 \times 9 =$	$46642 \times 9 =$
$4680 \times 9 =$	$71573 \times 9 =$	$68682 \times 9 =$
$71863 \times 9 =$	$63232 \times 9 =$	

= 每天前进一小步，积年累月之后可获成功。

✕ 综合练习题 ✓　　　　　　计时 🕐 ▭ 秒

55 × 44 =	54 × 71 =	54 × 73 =
45 × 55 =	66 × 51 =	69 × 51 =
38 × 75 =	62 × 61 =	82 × 81 =
41 × 83 =	77 × 26 =	76 × 28 =
98 × 76 =	54 × 77 =	54 × 70 =
232 × 39 =	161 × 14 =	225 × 13 =
221 × 94 =	733 × 37 =	302 × 23 =
643 × 78 =	345 × 69 =	314 × 79 =
8323 × 45 =	6868 × 57 =	4898 × 37 =
9234 × 36 =	8566 × 59 =	8985 × 58 =
41137 × 94 =	52212 × 83 =	54352 × 65 =
60981 × 29 =	39789 × 89 =	31234 × 87 =
49654 × 83 =	52348 × 25 =	50973 × 15 =
1116658 × 14 =		3123452 × 74 =
7234567 × 86 =		6221345 × 36 =
865784 × 66 =		3907815 × 83 =
412989 × 56 =		9542374 × 28 =
298058 × 43 =		5904453 × 72 =
354785 × 35 =		3984569 × 93 =
332567 × 51 =		8123547 × 48 =

= 每天前进一小步，积年累月之后可获成功。

× 综合练习题 ✓   计时 🕐 [_____] 秒

$232 \times 392 =$	$161 \times 134 =$	$225 \times 135 =$
$221 \times 914 =$	$733 \times 357 =$	$302 \times 263 =$
$643 \times 748 =$	$345 \times 619 =$	$314 \times 789 =$
$8323 \times 435 =$	$6868 \times 597 =$	$4898 \times 317 =$
$9234 \times 356 =$	$8566 \times 509 =$	$8985 \times 528 =$
$41137 \times 941 =$	$52212 \times 823 =$	$54352 \times 615 =$
$60981 \times 294 =$	$39789 \times 893 =$	$31234 \times 847 =$
$49654 \times 839 =$	$52348 \times 257 =$	$50973 \times 155 =$
$41137 \times 249 =$	$52212 \times 564 =$	$54352 \times 645 =$
$60981 \times 227 =$	$39789 \times 867 =$	$31234 \times 857 =$
$49654 \times 843 =$	$52348 \times 298 =$	$50973 \times 195 =$
$1158 \times 1164 =$		$3123 \times 4524 =$
$7567 \times 8236 =$		$6225 \times 3134 =$
$8684 \times 6576 =$		$3907 \times 8813 =$
$4189 \times 5296 =$		$9542 \times 2378 =$
$86184 \times 6576 =$		$39067 \times 8813 =$
$41859 \times 5296 =$		$95042 \times 2378 =$
$868254 \times 6576 =$		$390347 \times 8813 =$
$41223489 \times 5296 =$		$95432342 \times 2378 =$
$861823444 \times 6576 =$		$390345367 \times 8813 =$

$95230544542 \times 2323456235478 =$

☰ 每天前进一小步，积年累月之后可获成功。

24+42 =　　　　19+91 =　　　　15+51 =

35+53 =　　　　45+54 =　　　　31+13 =

21+12 =　　　　58+85 =　　　　32+23 =

597+299 =　　　　　　　333+489 =

787+254 =　　　　　　　411+496 =

1523+3093 =　　　　　　2643+1083 =

3331+1445 =　　　　　　3004+5598 =

5450+3771 =　　　　　　4035+6489 =

502455+1583 =　　　　　6104+200482 =

897122+4295 =　　　　　4613+360794 =

```
   439078        853421123        762343
   247689        112899564        555555
   317854        568734667        679834
 +569812       +995391789       +357548
 ────────      ───────────      ────────

 ────────      ───────────      ────────
```

═ 每天前进一小步，积年累月之后可获成功。

✗ 综合练习题 ✓   计时 🕐 ▭ 秒

65−38 =	32−26 =	52−45 =
71−56 =	61−35 =	45−16 =

391−195 =   581−187 =

684−486 =   724−492 =

714−517 =   661−466 =

5478−4522 =   8123−1877 =

5636−4364 =   9145−855 =

3875477−445897 =   10923−5568 =

6534332−467798 =   73328−6799 =

7712455−573898 =   67228−8538 =

6875477−445897 =   20923−5568 =

5534332−467798 =   63328−6799 =

72934 − 439 − 59 − 141 − 159 =

40692 − 29 − 63 − 255 − 345   =

880÷55 =   2184÷42 =

286÷22 =   6175÷95 =

112560÷335 =   488043÷771 =

224208÷282 =   268899÷551 =

= 每天前进一小步，积年累月之后可获成功。

× 综合练习题 ✓   计时 ⏱ ▭ 秒

256676÷412 =   329925÷795 =

217115÷251 =   555030÷881 =

166842÷186 =   508909÷645 =

1267515÷3435 =   753129÷6123 =

2393876÷4252 =   325126÷7225 =

8606966÷2441 =   121516÷8101 =

5599142÷1226 =   290490÷6315 =

1379896÷24641=   1863023÷81001=

1281332÷12726=   1531560÷63815=

1060752÷25256=   2600064÷81252=

1644546÷23834=   1135522÷54072=

$41^2 =$ $88^2 =$ $55^2 =$ $36^2 =$

$85^2 =$ $96^2 =$ $57^2 =$ $66^2 =$

$23^2 =$ $26^2 =$ $59^2 =$ $16^2 =$

$467^2 =$ $888^2 =$ $119^2 =$

$319^2 =$ $834^2 =$ $334^2 =$

$431^2 =$ $238^2 =$ $781^2 =$

= 每天前进一小步，积年累月之后可获成功。

× 综合练习题 ✓

75 × 11 =

31 × 11 =

25 × 3 =

37 × 4 =

66 × 7 =

45 × 8 =

57 × 22 =

626 × 55 =

465 × 128 =

12813 ÷ 12 =

105984 ÷ 256 =

697 + 489 =

787 + 234 =

1523 + 7778 =

714 − 115 =

5498 − 4502 =

34538 × 12 =

33145 × 12 =

37714 × 5 =

42246 × 6 =

45647 × 9 =

42222 × 9 =

4224 × 7878 =

45647 × 45623 =

422202 × 901234 =

2330525 ÷ 6385 =

56307638 ÷ 81252 =

309 + 495 =

411 + 488 =

2098 + 1083 =

661 − 496 =

6123 − 3877 =

$53^2 =$ $76^2 =$ $99^2 =$ $43^2 =$

$478^2 =$ $918^2 =$ $110^2 =$

$323^2 =$ $856^2 =$ $909^2 =$

$898^2 =$ $123^2 =$ $456^2 =$

$543^2 =$ $331^2 =$

= 每天前进一小步，积年累月之后可获成功。